JN176696

世界の原色の鳥図鑑

X-Knowledge

CONTENTS

red

ベニフウキンチョウ

黒い翼と尾羽以外は見事な深紅の小鳥です。赤い体にばかり目がいきがちですが、下嘴の付け根が白く膨らんでいるように見えるのがオスの大きな特徴で、とても目立ちます。メスは赤みがなく全体的に茶色の地味な小鳥です。ブラジルの大西洋岸にそって細長く連なる標高400m以下の森や草地、農地、住宅地などにすんでいます。サンパウロやリオデジャネイロなどの大都会の公園でも姿が見られます。街のなかでこんな赤い鳥に出会えたら素敵ですね。季節による渡りをする習性はありませんが、少しの移動はあるようです。主に果実や種子、昆虫を食べます。

学　　名　*Ramphocelus bresilia*
学名読み　ラムポケルス ブレシリア
学名の意味　くちばしの膨らんだ＋ブラジルの
英　　名　Brazilian Tanager＊
英名読み　ブラジリアン・タナジャー
英名の意味　ブラジルの＋フウキンチョウ
漢字表記　紅風琴鳥
分　　類　フウキンチョウ科ベニフウキンチョウ属
全　　長　18cm
主な分布　ブラジル
撮 影 者　Daan Schoonhoven

＊ Tanagerは、この鳥の南米トゥピ語の現地名がポルトガル語化されたTangaraに由来する。旧名のフウキンチョウ属Tanagraが英語化されたもの

ショウジョウコウカンチョウ

全身真っ赤で頭にはユニークな冠羽(かんう)があり、プロポーションもかわいい。そのうえ公園や庭のえさ台にもやってくる身近な存在。渡りの習性がないので一年中見られる。そんな申し分のないキャラクターなので、アメリカでは絶大な人気を誇る鳥です。そのため、州の鳥に指定しているところがなんと7つもあり、大リーグのセントルイス・カージナルスやプロアメリカンフットボールチームのアリゾナ・カーディナルスのマスコットにもなっています。英名のカーディナルとは、カトリック教会の枢機卿のこと。枢機卿は真っ赤な衣をまとっているので、この名前がつきました。

学名	*Cardinalis cardinalis*
学名読み	カルディナリス カルディナリス
学名の意味	枢機卿の衣や帽子のような深紅色の
英名	Northern Cardinal
英名読み	ノーザン・カーディナル
英名の意味	北の＋枢機卿
漢字表記	猩猩紅冠鳥
分類	ショウジョウコウカンチョウ科ショウジョウコウカンチョウ属
全長	21～23cm
主な分布	アメリカ、メキシコ北部
撮影場所	アメリカ　テキサス州南部　コープス・クリスティ湖
撮影時期	2011年1月
撮影者	Rolf Nussbaumer

ミナミショウジョウコウカンチョウ

学　　名　*Cardinalis phoeniceus*
学名読み　カルディナリス ポエニケウス
学名の意味　枢機卿の＋紫紅色の
英　　名　Vermilion Cardinal
英名読み　バーミリオン・カーディナル
英名の意味　朱色の＋枢機卿
漢字表記　南猩猩紅冠鳥
分　　類　ショウジョウコウカンチョウ科ショウジョウコウカンチョウ属
全　　長　19cm
主な分布　コロンビア、ベネズエラ
撮影場所　コロンビア
撮 影 者　Murray Cooper

ショウジョウコウカンチョウとは親戚関係の小鳥です。とてもよく似ていますが、くちばしの色が灰色で、頭の冠羽(かんう)がとても長く立ち上がっているので見分けがつきます。それにこちらは南米のコロンビアとベネズエラの海岸に近い、狭い範囲だけに分布する珍しい鳥。ショウジョウコウカンチョウと一緒にいることはないので間違う心配はありません。同属の鳥は3種いますが、本種はいちばん南に分布していて、もっとも彩度が高い赤色をしています。乾燥した林ややぶにすんでいて、早朝にはオスが梢で口笛のような涼しげな声でさえずります。

アカハワイミツスイ

オスもメスも赤い体のハワイミツスイ類です。英名はアパパネというかわいい名前がついていますが、これはハワイ語のこの鳥の名前。そういえばG1レースで何回も勝利した競走馬に、この鳥の名前がつけられていました。ハワイミツスイ類は、ハワイの島々にしか生息しないとても珍しい小鳥のグループです。見るのが難しい種が多い中で、本種は一番個体数が多いので出会いやすい種類です。それでもワイキキのような街中で見ることはなく、自然豊かな森に行かなければ見られません。花の蜜が主な食べもので、特にハワイの木であるオヒアレフアの花によくやってきます。

学名	*Himatione sanguinea*
学名読み	ヒマティオネ サングイネア
学名の意味	羽毛が衣服になる鳥*＋血紅色の
英名	Apapane
英名読み	アパパネ
英名の意味	アカハワイミツスイ（ハワイ語）
漢字表記	赤布哇蜜吸
分類	アトリ科アカハワイミツスイ属
全長	13cm
主な分布	ハワイ諸島
撮影場所	ハワイ
撮影者	Jack Jeffrey

*古代ギリシアのスパルタ兵が傷を隠すため、血のような赤いマント himationを戦場で常に着用していたことに由来する

ベニハワイミツスイ

学名	*Vestiaria coccinea*
学名読み	ウェスティアリア コッキネア
学名の意味	赤い衣服を着た+緋色
英名	I'iwi
英名読み	イイヴィ
英名の意味	ベニハワイミツスイ（ハワイ語）
漢字表記	紅布哇蜜吸
分類	アトリ科ベニハワイミツスイ属
全長	15cm
主な分布	ハワイ諸島
撮影場所	ハワイ
撮影者	Jack Jeffrey

英名はイイヴィと読み、ハワイ語のこの鳥の名前です。アカハワイミツスイによく似ていますが、くちばしが長いことやお尻が白くないことで見分けられます。下に曲がった細いくちばしを花に差し入れ、蜜を吸います。ハワイミツスイ類は、500万年前に島にたどり着いた、たった1種のアトリ科の鳥から、島のさまざまな環境に適応して39もの種に分かれたと考えられています。しかし、人が連れてきた豚から発生した鳥マラリアなどの伝染病や、生息地の開発などによって18種が絶滅してしまい、今残っているハワイミツスイ類の多くも絶滅が心配されているものがほとんどです。

ヒヨクドリ

スズメほどの大きさの、ニューギニアに広く分布するフウチョウ類。フウチョウは極楽鳥ともよばれ、本種のオスは頭や背中、翼が燃えるような赤い美しい姿をしています。この写真ではみえませんがお腹は純白で胸に緑光沢の前掛けがあります。どうしても赤い姿に目が行ってしまいますが、注目は尾羽です。2本のワイヤーのような先端に丸いものがついているのが尾羽です。この羽はもはや飛ぶことには機能しておらず、求愛時に上に反り返るようにもち上げて、頭の上で揺らしてメスを誘惑します。驚いたことに本種は江戸時代には日本で知られていました。ヒヨクドリ（比翼鳥）という変わった名前は、もともとは古代中国の想像上の鳥です。オスとメスが並んで飛ぶ習性があり、夫婦の仲睦まじさの象徴とされています。南にいるとされた記述があるので、本種が元になって創造されたのかもしれません。

学　　名　*Cicinnurus regius*
学名読み　キキンヌルス レギウス
学名の意味　巻き毛の尾羽＋王の
英　　名　King Bird-of-paradise
英名読み　キング・バード・オブ・パラダイス
英名の意味　フウチョウの王様
漢字表記　比翼鳥
分　　類　フウチョウ科ヒヨクドリ属
全　　長　16cm
主な分布　ニューギニア
撮影場所　ニューギニア
撮 影 者　Tim Laman

ベニタイランチョウ

学　　名　*Pyrocephalus obscurus*
学名読み　ピロケパルス オブスクルス
学名の意味　炎色の頭の＋黒ずんだ
英　　名　Vermilion Flycatcher＊
英名読み　バーミリオン・フライキャッチャー
英名の意味　朱色＋ヒタキ
漢字表記　紅太蘭鳥
分　　類　タイランチョウ科ベニタイランチョウ属
全　　長　13〜14cm
主な分布　北アメリカ南部、南アメリカ
撮影場所　ベネズエラ　リャノ
撮 影 者　Hermann Brehm

赤と黒のツートンカラーが美しいのはオスで、メスは地味な茶色の鳥です。本種は南北アメリカに広く分布していて9亜種が知られます。ほとんどの亜種は赤と黒の羽色(うしょく)の色彩ですが、なぜかペルーのリマにいる亜種だけは、雌雄ともに茶色の地味な羽色の変わり種です。うっそうとした森の中よりも牧草地や灌木がある環境を好みます。英名にはヒタキの名前であるフライキャッチャーがつけられていますが、じつはヒタキ類ではありません。ヒタキと同じように飛んでいる虫にパッと飛びついて捕らえる行動をするので、この名前がつけられたのでしょう。さっと飛び降りて、地面にいる昆虫を捕らえる行動もするので、日本のモズのような存在なのかもしれません。

＊ Vermilionの語源は、ケルメスの「幼虫(小さな虫)」という意味のラテン語vermiculus kermesで、ケルメスというカイガラムシの一種を乾燥させて、鮮紅色の染料を作ったことに由来する

ナツフウキンチョウ

赤い鳥は日本のバードウォッチャーにとって憧れの的ですが、これはアメリカでも同じこと。体中が真っ赤な本種のオスを、とにかくひと目見てみたいと誰もが思うそうです。それにしても赤いこと。くちばしと目以外は全て真っ赤です。赤い鳥は数多くいますが、ここまで真っ赤な鳥は他にいないのではと思うほどです。いっぽうメスは赤みがなく黄色い鳥です。夏に北アメリカ南部やメキシコ北部で子育てし、中央アメリカから南アメリカ北部で冬を過ごす渡り鳥です。北アメリカでは夏にならないと見られないフウキンチョウなので、この名前がつきました。現地では、高い木の上から美しいさえずりが聞こえると、夏が来たなと思うそうです。高い梢にとまり、飛んでくるハチをみつけるとパッと飛んで捕らえ、また同じ枝に戻る習性があります。

学　　名	*Piranga rubra* *
学名読み	ピランガ ルブラ
学名の意味	フウキンチョウ＋赤
英　　名	Summer Tanager
英名読み	サマー・タナジャー
英名の意味	夏＋フウキンチョウ
漢字表記	夏風琴鳥
分　　類	ショウジョウコウカンチョウ科フウキンチョウ属
全　　長	17cm
主な分布	北アメリカ南部、中央アメリカ、南アメリカ北西部
撮影場所	アメリカ　テキサス州
撮影者	Alan Murphy

＊ 属名のPirangaは、この鳥の南米トゥピ語での現地名Tijepirangaに由来する

アカフウキンチョウ

学　　名　*Piranga olivacea*
学名読み　ピランガ オリワケア
学名の意味　フウキンチョウ＋オリーブ色の
英　　名　Scarlet Tanager
英名読み　スカーレット・タナジャー
英名の意味　緋色＊＋フウキンチョウ
漢字表記　赤風琴鳥
分　　類　ショウジョウコウカンチョウ科フウキンチョウ属
全　　長　17cm
主な分布　北アメリカ東部、中央アメリカ、南アメリカ北西部
撮影場所　アメリカ　テキサス州
撮 影 者　Alan Murphy

夏になると、越冬地の南アメリカから北アメリカ東部の森へ、子育てのために飛んでくる渡り鳥です。オスは赤と黒のコントラストが美しく、メスはからし色の地味な色彩です。オスのこの美しい赤い色は夏の繁殖期特有のもの。冬にはメスと同じようなからし色になり、本当に同じ鳥なのか疑いたくなるほどです。主にオークなどが生えた落葉広葉樹の森で繁殖し、オスは高い梢にとまって笛のような涼しげな声でさえずります。もし、この鳥に出会いたいならば、この声を覚えるのがコツです。声がする方向に目をこらしていると赤い姿がちらっと見えるはずです。

＊ scarletはcrimsonより明るい赤色で、ペルシア語のsaqalāt(赤い布)に由来する

ベニエリフウキンチョウ

名前の通り、赤い襟巻きがオシャレな赤と黒の鳥です。写真では黒い部分の面積がけっこうあるので、赤い鳥という感じはしませんが、実際に見た印象は深紅がとても目立つのでやはり赤い鳥です。メスも同じように美しい赤と黒の羽色(うしょく)をしています。学名の*sanguinolentus*(サングイノレントゥス)とは「血のような赤」という意味です。分布域はメキシコからコスタリカにかけての東海岸沿いで、ベニフウキンチョウ属のなかで一番北に生息しています。白く見える太いくちばしで果実や種子を採って食べます。山のロッジではえさ台に果物を置いて鳥をよびますが、本種もよくやってきてバードウォッチャーの目を楽しませてくれます。

学名	*Ramphocelus sanguinolentus*
学名読み	ラムポケルス サングイノレントゥス
学名の意味	くちばしの膨らんだ＋血のような赤
英名	Crimson-collared Tanager
英名読み	クリムゾン・カラード・タナジャー
英名の意味	深紅＊＋襟の＋フウキンチョウ
漢字表記	紅襟風琴鳥
分類	フウキンチョウ科ベニフウキンチョウ属
全長	17cm
主な分布	メキシコ、ホンジュラス、コスタリカ
撮影場所	コスタリカ セントラルバレー
撮影時期	2006年12月
撮影者	Rolf Nussbaumer

＊ crimsonはscarletより暗い赤色で、アラビア語の昆虫名qirmizに由来し、この虫が赤色の染料に使われたことに由来する

カオグロベニフウキンチョウ

学　名	*Ramphocelus nigrogularis*
学名読み	ラムポケルス ニグログラリス
学名の意味	くちばしの膨らんだ＋黒い喉の
英　名	Masked Crimson Tanager
英名読み	マスクド・クリムゾン・タナジャー
英名の意味	仮面＋深紅＋フウキンチョウ
漢字表記	顔黒紅風琴鳥
分　類	フウキンチョウ科ベニフウキンチョウ属
全　長	17cm
主な分布	コロンビア、エクアドル、ペルー、ブラジル
撮影場所	ペルー　マヌー国立公園
撮影者	Glenn Bartley

本種の分布は、ちょうどアマゾン川と同じ。川岸に広がる湿地の森がすみかです。顔や翼、尾羽が黒くその他が赤い羽色(うしょく)は、シュイロフウキンチョウ（18ページ）とよく似ていますが、本種は腹が黒いことで見分けることができます。また、ベニフウキンチョウ属の特徴である、下嘴(かし)の付け根が白くなっている点も異なります。さらにシュイロフウキンチョウは川岸ではなく高い山の雲霧林(うんむりん)にすむので、生息環境も異なるのです。果実や昆虫を食べる雑食性ですが、花を食べる習性もあり、花粉を媒介する役割も担っています。10羽ほどの群れをつくり、樹上を移動しながら食べものを探します。

ギンバシベニフウキンチョウ

ベニフウキンチョウ属の中でもっとも広範囲に分布する鳥です。アマゾン川の河畔林が主な生息環境ですが、川から離れた乾燥した荒れ地でも見られることがあるのでそれほど環境に対して好みがうるさくないのかも知れません。また、普通は平地でみられますが、ペルーやベネズエラでは標高2000mでも見つかっています。オスは全身が深い赤色をしており、下嘴(かし)が銀色に輝いています。英名も和名もこのくちばしの特徴から名づけられました。暗い森の中では、体の赤い羽色(うしょく)は意外と目立たずに黒っぽく見え、銀色のくちばしだけが白く光って目立ちます。同じような生息環境にすむ、カオグロベニフウキンチョウ（15ページ）と同じ群れをつくることが多く、一緒に行動しています。

学名	*Ramphocelus carbo*
学名読み	ラムポケルス カルボ
学名の意味	くちばしの膨らんだ＋炭
英名	Silver-beaked Tanager
英名読み	シルバー・ビークド・タナジャー
英名の意味	銀色＋くちばし＋フウキンチョウ
漢字表記	銀嘴紅風琴鳥
分類	フウキンチョウ科ベニフウキンチョウ属
全長	16～17cm
主な分布	南アメリカ（アマゾン川流域）
撮影場所	コロンビア
撮影者	Murray Coopery

学名	*Ramphocelus dimidiatus*
学名読み	ラムポケルス ディミディアトゥス
学名の意味	くちばしの膨らんだ＋半分に切られた色彩
英名	Crimson-backed Tanager
英名読み	クリムゾン・バックド・タナジャー
英名の意味	深紅＋背中＋フウキンチョウ
漢字表記	背赤風琴鳥
分類	フウキンチョウ科ベニフウキンチョウ属
全長	16cm
主な分布	パナマ、コロンビア、ペルー
撮影場所	パナマ　エルバジェ
撮影時期	10月
撮影者	Neil Bowman

ベニフウキンチョウ属は10種いて、そのうち6種は体が赤く、どの種も似たような羽色（うしょく）をしています。なかでも本種とギンバシベニフウキンチョウとはそっくりで、見分けるのになかなか苦労します。しかし、本種の分布域がパナマやコロンビアの平地の森と重ならないため、識別できない心配はありません。まるでベルベットのような質感の深い赤色は一度見たらきっと忘れられないに違いありません。パナマでは牛の血の色とたとえられています。メスや若いオスには赤みが少なく、茶色に近い感じの羽色です。深い森ではなく、低いやぶがあるような二次林が生息環境ですので、生息地ではそれほど珍しい鳥ではありません。

セアカフウキンチョウ

シュイロフウキンチョウ

一属一種の小さなフウキンチョウで、コロンビアからペルーにかけてのアンデス山脈の東斜面、標高300〜2000mの間に細長くに分布しています。ちょうどこの高さはうっそうとして湿った森が連なっており、本種をはじめ多くのフウキンチョウが見られる環境です。雌雄ともに同じ羽色(うしょく)で、赤い体に黒いマスクと翼、尾羽のコントラストが目をひきます。高い木の上で昆虫や果実を食べていて、なかなか下に降りないので見ることは難しい鳥です。また、他種のフウキンチョウとも群れをつくり、一緒に行動することもよくあります。繁殖などの詳しいことはほとんどわかっていない謎多きフウキンチョウです。

学名	*Calochaetes coccineus*
学名読み	カロカエテス コッキネウス
学名の意味	美しい髪の毛の鳥＋緋色の
英名	Vermilion Tanager
英名読み	バーミリオン・タナジャー
英名の意味	朱色＋フウキンチョウ
漢字表記	朱色風琴鳥
分類	フウキンチョウ科シュイロフウキンチョウ属
全長	16cm
主な分布	コロンビア、エクアドル、ペルー
撮影場所	ペルー
撮影者	Gabbro

バラムネフウキンチョウ

学　　名	*Rhodinocichla rosea*
学名読み	ロディノキクラ ロセア
学名の意味	薔薇色のツグミ＋薔薇色
英　　名	Rosy Thrush-Tanager
英名読み	ロージー・スラッシュ・タナジャー
英名の意味	薔薇色＋ツグミ＋フウキンチョウ
漢字表記	薔薇胸風琴鳥
分　　類	フウキンチョウ科バラムネフウキンチョウ属
全　　長	19～20cm
主な分布	メキシコ～コスタリカ、パナマ、エクアドル、コロンビア
撮影場所	コロンビア
撮 影 者	Murray Cooper

背中からみると真っ黒の鳥ですが、正面からは見事な薔薇色の鳥です。フウキンチョウにしてはくちばしが長く、まるでツグミのような体型のため英名はそれにちなみます。採食の習性もツグミそっくりで、地上で落ち葉の下の虫などを探して捕食します。でも、ツグミとの類縁関係はまったくありません。木の上で暮らすフウキンチョウとは姿も習性もあまりにも異なるため、独立したグループだという説もあります。分布も変わっていて、メキシコからコスタリカにかけて、パナマ、コロンビア、エクアドルと点々と島のように局地的に生息しています。生息地によっては色彩が若干異なり、メキシコからコスタリカにすむ亜種が一番濃い赤色をしています。

ズアカアリフウキンチョウ

メキシコからコロンビアまでの中央アメリカの熱帯雨林に生息するムクドリくらいの鳥です。オスは体全体が暗めの赤色で、喉と頭が明るい赤色をしており、和名は頭に着目して名づけられました。あまり深い森にはおらず、乾燥した二次林が主なすみかです。他種の鳥たちと一緒に群れとなって、グンタイアリの行進についていく習性があります。どう猛なグンタイアリが行進すると驚いた昆虫やカエルなどの生きものが次々と飛び出してくるので、鳥たちはそれを狙ってついて行くのです。アリフウキンチョウという変わった名前はこの習性にちなみます。

学名	*Habia rubica*
学名読み	ハビア ルビカ
学名の意味	アリフウキンチョウ＋赤い
英名	Red-crowned Ant Tanager
英名読み	レッド・クラウンド・アント・タナジャー
英名の意味	赤い冠羽の＋蟻＋フウキンチョウ
漢字表記	頭赤蟻風琴鳥
分類	ショウジョウコウカンチョウ科アリフウキンチョウ属
全長	18～20cm
主な分布	中央アメリカ
撮影者	Ray Wilson

ベニイタダキ

オスは全体的に暗めの赤い鳥ですが、頭にある冠羽が真っ赤で名前の由来となっています。興奮するとこの冠羽を開いてあざやかな赤を見せます。メスはオスを淡くしたような色彩で頭には冠羽がありません。どうしても赤い色に目がいきがちですが、オスもメスも目の周りが白い輪で縁取られているのも大きな特徴です。生息環境は幅広くて熱帯雨林や乾燥した森など、わりとどんなところでもすむことができます。したがって街の公園や家の庭にも姿を見せるのも珍しくありません。主な食べものは昆虫と果実です

学名	*Coryphospingus cucullatus*
学名読み	コリポスピングス ククッラトゥス
学名の意味	頭頂に特徴のあるヒワ＋頭巾をかぶった
英名	Red Pileated Finch
英名読み	レッド・パイリーティド・フィンチ
英名の意味	赤い＋とさかのある＋ヒワ（小鳥）＊
漢字表記	紅頂
分類	フウキンチョウ科ベニイタダキ属
全長	13.5cm
主な分布	南アメリカ
撮影場所	ボリビア
撮影者	Glenn Bartleyw

＊フィンチは、一般にアトリ科やカエデチョウ科の小鳥の総称とされていたが、最近は小さい円錐形のくちばしをもつ小鳥の英名に広く使われている。環境省によるフィンチの定義は、スズメ目の60科中のホオジロ科、アトリ科、カエデチョウ科、ハタオリドリ科の4科の鳥を表す総称としているが、近年は分類が大きく変わってしまったので、フウキンチョウ科などでも英名にfinchを使っている場合もある

サンショクヒタキ

赤、白、黒の三色だからサンショクヒタキ。もう少し気の利いた和名にしてあげたらいいのにと思ってしまいます。その点、英名はスカーレット・ロビンとかっこいい名前。オーストラリアのユーカリの森の中にいて、茂みから真っ赤な胸のオスが飛び出してくるとドキッとします。メスは全体的に茶色い小鳥ですが、やっぱり胸は赤くてキュートです。本種の分布はちょっと変わっていて、オーストラリアの南の両端に離れています。おそらく、かつては連続していた分布が何らかの理由によって分断されてしまったのでしょう。あまり大規模な渡りはしませんが、冬は森から出て、開けた場所にすみかを移します。そのときは街中の公園にも姿を見せることがあります。

学名　*Petroica boodang* ＊1
学名読み　ペトロイカ ボオダング
学名の意味　岩にすむ鳥＋アボリジニの現地名
英名　Scarlet Robin ＊2
英名読み　スカーレット・ロビン
英名の意味　緋色＋ロビン
漢字表記　三色鶲
分類　オーストラリアヒタキ科サンショクヒタキ属
全長　12〜13.5cm
主な分布　オーストラリア南東部、南西部、タスマニア
撮影場所　オーストラリア　ビクトリア州
撮影者　Rob Drummond

＊1　語源学的には確定していないが、西オーストラリアのアボリジニの言葉Goo-baが転訛したとされる
＊2　Robinはノルマン系の人名Robertの愛称

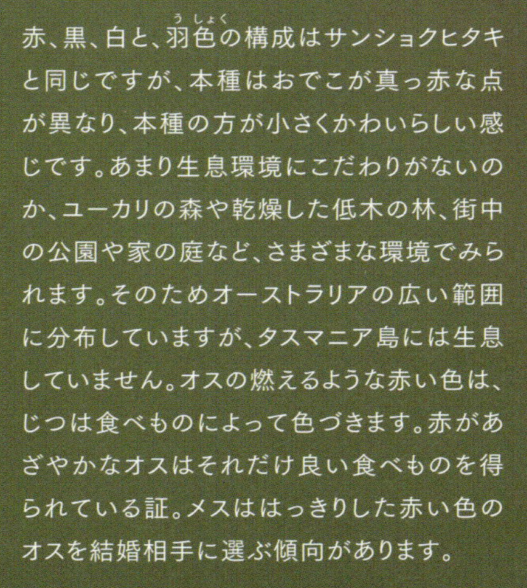

赤、黒、白と、羽色の構成はサンショクヒタキと同じですが、本種はおでこが真っ赤な点が異なり、本種の方が小さくかわいらしい感じです。あまり生息環境にこだわりがないのか、ユーカリの森や乾燥した低木の林、街中の公園や家の庭など、さまざまな環境でみられます。そのためオーストラリアの広い範囲に分布していますが、タスマニア島には生息していません。オスの燃えるような赤い色は、じつは食べものによって色づきます。赤があざやかなオスはそれだけ良い食べものを得られている証。メスははっきりした赤い色のオスを結婚相手に選ぶ傾向があります。

学名	*Petroica goodenovii* *
学名読み	ペトロイカ グッデノウィイ
学名の意味	岩にすむ鳥＋グッドイナフ氏の
英名	Red-capped Robin
英名読み	レッド・キャップド・ロビン
英名の意味	赤＋帽子の＋ロビン
漢字表記	赤額三色鶲
分類	オーストラリアヒタキ科サンショクヒタキ属
全長	10.5～12.5cm
主な分布	オーストラリア中央部
撮影場所	オーストラリア　ニューサウスウェールズ州
撮影者	Rob Drummond

＊サミュエル・グッドイナフ Samuel Goodenough (1743-1827)。英国カーライルの主教で、本種と植物のクサトベラの属名（Goodenia）にその名を残す

アカビタイ
サンショクヒタキ

シロボウシカワビタキ

ヒマラヤや中国などの標高2400〜4200mの高い山にすむジョウビタキのなかまです。和名も英名も、頭の白い部分が帽子をかぶったような姿なのが由来となっています。学名の種小名も白い頭という意味で、確かにとてもよく目立ちます。全体には赤と黒に色分けされたとてもシックな小鳥です。英名にWaterとつけられるだけあって、川の近くで見られます。石や倒木の上を忙しく飛び移りながら、昆虫を見つけ食べます。また、頻繁に尾羽を上げる動作を繰り返すのも本種の大きな特徴。ピッピッと切れよく尾羽を上げる様子は、とてもかわいらしく見える動きです。

学名	*Phoenicurus leucocephalus*
学名読み	ポエニクルス レウコケパルス
学名の意味	赤い尾の鳥＋白い頭
英名	White-capped Water-Redstart
英名読み	ホワイト・キャップド・ウォーター・レッドスタート
英名の意味	白い帽子の＋川＋ジョウビタキ
漢字表記	白帽子川鶲
分類	ヒタキ科ジョウビタキ属
全長	18〜19cm
主な分布	中央アジア〜ヒマラヤ、中国、ミャンマー、ベトナム
撮影場所	タイ　チェンマイ　ドイアンカーン
撮影時期	11月
撮影者	Neil Bowman

ベニオーストラリアヒタキ

学　　名	*Epthianura tricolor*
学名読み	エプチアヌラ トリコロル
学名の意味	小さな尾の＋三色の
英　　名	Crimson Chat
英名読み	クリムゾン・チャット
英名の意味	深紅＋ヒタキ（おしゃべり鳥）
漢字表記	紅豪州鶲
分　　類	ミツスイ科エプチアヌラ属
全　　長	11～13cm
主な分布	オーストラリア
撮影場所	オーストラリア
撮 影 者	Rob Drummond

喉の白が目立つ、スズメよりもずっと小さな赤い鳥です。赤いのはオスだけで、メスは地味な灰色です。ブッシュが茂る乾燥地が生息環境なので、オーストラリア内陸部に広く分布しています。足が長く丈夫なので、よく地面におりて歩き回っています。小鳥は普通、スズメのように両足をそろえて跳ねる種が多いですが、本種は足を交互に出して歩きます。より地上での行動に適応している証拠です。本種はかつて独立した科に分類されていましたが、最新の研究ではミツスイ類とされています。しかし、花の蜜を吸うことはなく、もっぱら昆虫を捕って食べるなど、ミツスイとは習性がかけ離れています。

オビオマイコドリ

アマゾン南部に広く分布するマイコドリです。パラグアイやアルゼンチンの一部にも分布しています。オスは頭と胸が赤く、お腹は黄色、背中や翼、尾羽が真っ黒の鳥。メスは地味な暗いオリーブ色をしています。オスの尾羽に一本の白い帯があるのでこの名があります。主に川沿いの森に生息しており、昆虫や果実などを食べています。マイコドリという名前は、メスへの求愛時にユニークなダンスを舞うことに由来します。本種も翼を小刻みに振るわせながら横枝の上を行ったり来たりして踊り、メスにアピールします。

学名	*Pipra fasciicauda*
学名読み	ピプラ ファスキイカウダ
学名の意味	キツツキ＋帯斑のある尾の
英名	Band-tailed Manakin
英名読み	バンド・テイルド・マナキン
英名の意味	帯模様の尾＋マイコドリ
漢字表記	帯尾舞子鳥
分類	マイコドリ科マイコドリ属
全長	9〜13cm
主な分布	南アメリカ
撮影場所	アルゼンチン・ミシオネス州
撮影時期	9月
撮影者	James Lowen

アカガシラモリハタオリ

学名	*Anaplectes rubriceps*
学名読み	アナプレクテス ルブリケプス
学名の意味	完全に編むもの＋赤い頭の
英名	Red-headed Weaver
英名読み	レッド・ヘッディッド・ウィーバー
英名の意味	赤い頭の＋ハタオリドリ
漢字表記	赤頭森機織
分類	ハタオリドリ科アカガシラモリハタオリ属
全長	12〜15cm
主な分布	西アフリカ、南東アフリカ
撮影場所	南アフリカ
撮影者	Martin B Withers

西アフリカや南東アフリカの広い範囲に分布する赤いハタオリドリです。赤いのはオスだけで、メスはスズメと同じような褐色の鳥。3つの亜種が知られており、色彩が異なります。写真は南アフリカに分布する亜種でお腹が白いのが特徴です。モリハタオリと名づけられていますが、うっそうとしたジャングルにいるわけではなく、アカシアや広葉樹がまばらに生えている疎林(そりん)で見られます。ハタオリドリ科の鳥は、草を巧妙に編んで巣をつくる種が多いのですが、本種も例外ではありません。下向きの細長いトンネルの出入り口がついたボール状の巣をつくり、枝先にぶら下げます。空中に浮かんだ巣には天敵のヘビが入ってこられないというすばらしい設計です。

マダガスカル島だけに生息する、スズメに近いハタオリドリ類で、スズメよりも一回り小さいくらいの大きさです。オスは全身が真っ赤で、目の周りと翼、尾羽が黒褐色のツートンカラー。メスは褐色の地味な羽色をしています。基本的にはサバンナのような開けた草原にいますが、街の中でも普通に見られます。標高2000mの山の上にもいた記録があります。主な食べものは草の種子ですが、昆虫も食べます。スズメのように地面に降りて食べものを探します。マダガスカル固有種ですが、セーシェル諸島や中東のオマーンなどでは、人の手によって持ち込まれた本種が野生化して問題になっています。

学　　名　*Foudia madagascariensis*
学名読み　フォウディア マダガスカリエンシス
学名の意味　ベニノジコ+マダガスカル島産の
英　　名　Red Fody
英名読み　レッド・フォディ
英名の意味　赤い＋ベニノジコ
漢字表記　紅野路子
分　　類　ハタオリドリ科ベニノジコ属
全　　長　13cm
主な分布　マダガスカル
撮影場所　マダガスカル
撮　影　者　J-L Klein & M-L Hubert

ベニノジコ

アルダブラベニノジコ（新称）

アフリカ大陸の東、インド洋に浮かぶ小さな島、アルダブラにだけ生息する固有の鳥です。オスは全身が赤く、ベニノジコに似ていますが、お腹が黄色い点が異なります。メスは全体的に黄色の鳥です。これまで本種はコモロ島などにいたベニノジコと同種とされてきましたが、最新の分類では別種であると考えられています。本種には和名がついていませんでしたが、今回、新しくアルダブラベニノジコと和名をつけました。ノジコとは、日本に生息するホオジロ科の小鳥のことですが、本種との類縁関係はまったくありません。

学　　名	*Foudia aldabrana*
学名読み	フォウディア アルダブラナ
学名の意味	ベニノジコ＋アルダブラ諸島の
英　　名	Aldabra Fody
英名読み	アフダブラ・フォーディ
英名の意味	アルダブラ諸島＋ベニノジコ
漢字表記	アルダブラ紅野路子
分　　類	ハタオリドリ科ベニノジコ属
全　　長	13cm
主な分布	アルダブラ島
撮影場所	セーシェル　アルダブラ島
撮 影 者	Wil Meinderts

アサヒスズメ

スズメの名がつけられていますが、カエデチョウ科の鳥です。オーストラリアにはきれいなカエデチョウ科の鳥が何種もいますが、その中でも本種は、一二を争う美麗種です。全長は13cmですが、尾羽が6cmもありますので、体の大きさ自体は、たったの7cmほどということです。スズメよりもはるかに小ぶりですね。水辺の草地が生息環境で、草の種子が主食です。写真のように緑の草に真っ赤な本種がとまると、何ともいえない美しさです。美しい小鳥なので昔からペットとして愛玩されています。メスはオスほど赤くなく、顔が赤い程度で全体には灰色の地味な鳥です。

学名	*Neochmia phaeton*＊
学名読み	ネオクミア パエトン
学名の意味	新奇な＋日輪
英名	Crimson Finch
英名読み	クリムゾン・フィンチ
英名の意味	深紅＋ヒワ(小鳥)
漢字表記	旭雀
分類	カエデチョウ科アサヒスズメ属
全長	13cm
主な分布	ニューギニア、オーストラリア北部
撮影場所	オーストラリア　クイーンズランド州
撮影者	Greg Oakley

＊ phaetonは、ギリシャ神話の太陽神ヘリオス(アポロン)の息子ファエトーン(パエトーン)の名で、父親の太陽の戦車で天界を飛翔して大災害をもたらし、ゼウスの雷で撃ち殺された

コウギョクチョウ

学　　名	*Lagonosticta senegala*
学名読み	ラゴノスティクタ セネガラ
学名の意味	脇腹に斑点のある＋セネガルの
英　　名	Red-billed Firefinch
英名読み	レッド・ビルド・ファイヤーフィンチ
英名の意味	赤いくちばし＋火のようなヒワ（小鳥）
漢字表記	紅玉鳥
分　　類	カエデチョウ科コウギョクチョウ属
全　　長	9〜10cm
主な分布	アフリカ・サハラ砂漠の南
撮 影 者	David Hosking

アカシアが生えるアフリカのサバンナにすむ小鳥です。オスは全身が赤く、英名のようにまさに燃えているよう。くちばしまで赤いのが特徴です。和名の紅玉とは宝石のルビーのこと。深紅の羽色（うしょく）はたしかにルビーを連想させます。リンゴにも紅玉という品種がありますが、本種とは関係ありません。太いくちばしは、草の堅い種子を割って食べるのに適した形です。そんな習性のため、ときには大群で畑の作物を食い荒らすことがあり、害鳥といわれてしまうこともあります。

キゴシタイヨウチョウ

ヒマラヤからインド、東南アジアの広範囲に分布するタイヨウチョウ科の鳥です。オスは、深紅の羽と鈍く青く光るひげのような模様がよく目立ちます。尾の付け根の部分がちょっと黄色いのでこの名前がつけられました。しかし、亜種によってはこの黄色がないものがいるので、適切な和名かどうかは微妙なところです。メスは地味なオリーブ色の鳥です。本種はタイヨウチョウの典型種で、熱帯雨林や落葉樹林、二次林、マングローブ林などさまざまな森林に生息しています。主な食べものは花の蜜。決まった種類の花を専門に訪れるのではなく、さまざまな花を利用するゼネラリストなので、標高2000mのヒマラヤから街中の公園など、幅広い環境で見ることができます。

学　　名	*Aethopyga siparaja*
学名読み	アエトピガ シパラヤ
学名の意味	赤褐色の腰の＋スマトラでのこの鳥の呼び名
英　　名	Crimson Sunbird
英名読み	クリムゾン・サンバード
英名の意味	深紅＋タイヨウチョウ
漢字表記	黄腰太陽鳥
分　　類	タイヨウチョウ科アジアタイヨウチョウ属
全　　長	12～15cm
主な分布	ヒマラヤ、東南アジア
撮影場所	マレーシア　サバ州　タワウヒルズ国立公園
撮影者	Sebastian Kennerknecht

ミヤマタイヨウチョウ

ミヤマ（深山）という名前の通り、標高800～2000mの山の森にすむタイヨウチョウです。場所によっては海岸近くの平地の森でも生息しているところがあります。オスは翼と腹以外が真っ赤で、顔にはひげのような青い線があります。メスは緑褐色の目立たない姿です。本種のオスは、キゴシタイヨウチョウに似ていますが、額や尾羽が赤い点で見分けることができます。山のロッジのハイビスカスの花などにもやってきて、登山者の目を楽しませてくれます。英名、学名ともにあるテミンクとは、オランダ・ライデン博物館初代館長で鳥類学者のコンラート・テミンクのこと。発見者によって献名されました。

学　　名　*Aethopyga temminckii*＊
学名読み　アエトピガ テミンクキイ
学名の意味　赤褐色の腰＋テミンク氏の
英　　名　Temminck's Sunbird
英名読み　テミンクス・サンバード
英名の意味　テミンク氏の＋タイヨウチョウ
漢字表記　深山太陽鳥
分　　類　タイヨウチョウ科アジアタイヨウチョウ属
全　　長　13cm
主な分布　マレー半島、スマトラ島、ボルネオ島
撮影場所　マレーシア・サバ州
撮影時期　1月
撮 影 者　Neil Bowman

＊コンラート・ヤコブ・テミンクCoenraad Jacob Temminck(1778- 1858)でオランダの鳥類学者・動物学者。シーボルトの「日本動物誌」に参画し、脊椎動物を担当した。

ルリオタイヨウチョウ

ヒマラヤ山地からインドシナ半島北部、中国西部など、広範囲に分布する鳥です。カラフルなタイヨウチョウは熱帯の鳥と思われがちですが、本種はシャクナゲの花を求めて標高3000mもの高山にあらわれます。オスは光輝く青紫色の頭、襟足から背中にかけては燃えるような赤、あざやかなお腹の黄色、そして名前の由来にもなった長い瑠璃(るり)色の尾羽。美しい鳥が多いタイヨウチョウのなかでも、本種は一二を争う美しさです。メスは地味な褐色で尾が短いので10cmほどしかありません。英名・学名ともに鳥類学者のジョン・グールドの奥さんの名前がつけられています。内助の功をたたえての献名だといわれています。

学名	*Aethopyga gouldiae* *
学名読み	アエトピガ ゴウルディアエ
学名の意味	赤い腰の＋グールド夫人の
英名	Mrs. Gould's Sunbird
英名読み	ミセス・グールドズ・サンバード
英名の意味	グールド夫人の＋タイヨウチョウ
漢字表記	瑠璃尾太陽鳥
分類	タイヨウチョウ科アジアタイヨウチョウ属
全長	10～15cm
主な分布	ヒマラヤ、東南アジア北部、中国
撮影場所	タイ　チェンマイ　ドイ・インタノン山
撮影者	Robert Kennett

＊鳥類画家のエリザベス・グールドElizabeth Gould(1804-1841)で、鳥類学者ジョン・グールドJohn Gould(1804-1881)の妻

アカオタイヨウチョウ

赤く長い尾羽がとても印象的なタイヨウチョウです。学名も英名も同じ着眼点。さすがにこの特徴は誰もが認めるところでしょう。オスの体の色は、青、赤、黄の三色ですが、背中の赤がとても目立ちます。春になるとヒマラヤから中国の標高3000～4800mに咲くシャクナゲの花を求めて姿を見せます。シャクナゲは種類が多く、種類によって咲く時期がずれるので利用できる期間が長く、蜜を主食とする生きものにとって魅力的な食べものです。冬はタイなどの暖かい場所へ移動しますが、そのとき、このすてきな尾羽は抜けていて、オスはメスと同じような尾羽の短い姿になっています。

学名	*Aethopyga ignicauda*
学名読み	アエトピガ イグニカウダ
学名の意味	赤い腰の＋炎色の尾
英名	Fire-tailed Sunbird
英名読み	ファイヤー・テイルド・サンバード
英名の意味	火のような尾＋タイヨウチョウ
漢字表記	赤尾太陽鳥
分類	タイヨウチョウ科アジアタイヨウチョウ属
全長	15～20cm
主な分布	ヒマラヤ、中国、東南アジア北部
撮影場所	インド　ダージリン
撮影者	Biraj Sarkar

サハラ砂漠より南に分布するタイヨウチョウです。本種のオスは、全体的に黒い鳥ですが、胸の真っ赤な色がとてもよく目立ちます。また、頭は見る角度によって青や緑に光ります。メスは、地味な褐色です。タイヨウチョウ科の鳥は、金属光沢の羽色（うしょく）をもつ種が多く、その光沢を光輝く太陽に見立てて名付けられました。花の蜜を専門に食べる鳥で、舌先がブラシ状になっており、蜜が吸いやすい構造になっています。ちょうどアメリカのハチドリのような存在ですが、ハチドリのように飛びながら蜜を吸うことはあまりなく、枝にとまりながら吸蜜することが多いようです。

学　　名　*Chalcomitra senegalensis*
学名読み　カルコミトラ セネガレンシス
学名の意味　銅色の帽子＋セネガル産の
英　　名　Scarlet-chested Sunbird
英名読み　スカーレット・チェステッド・サンバード
英名の意味　深紅の胸の＋タイヨウチョウ
漢字表記　緋胸太陽鳥
分　　類　タイヨウチョウ科カルコミトラ属
全　　長　13〜15cm
主な分布　中央アフリカ以南
撮影場所　ケニア
撮 影 者　Tui De Roy

ヒムネタイヨウチョウ

クレナイミツスイ

学　　名	*Myzomela sanguinolenta*
学名読み	ミゾメラ サングイノレンタ
学名の意味	蜜を吸う＋血紅色の
英　　名	Scarlet Myzomela
英名読み	スカーレット・ミゾメラ
英名の意味	深紅＋蜜を吸う鳥
漢字表記	紅蜜吸
分　　類	ミツスイ科ミツスイ属
全　　長	9〜11cm
主な分布	オーストラリア東部
撮影場所	オーストラリア　ニューサウスウェールズ州
撮 影 者	Greg Oakley

オーストラリアの東海岸の森にすむ、花の蜜が主食の小鳥です。オスは頭から胸、背が真っ赤で、翼と尾羽は真っ黒、お腹は白い色をしています。メスはとても地味な褐色の鳥です。オーストラリアに生息するミツスイの中で最も小形で、10cm前後しかありません。下に湾曲した細長いくちばしを花に差し入れ、吸蜜します。ミツスイという名前はこの行動からつけられました。英名には、学名の属名と同じミゾメラが使われています。これはラテン語で蜜を吸う鳥という意味があります。花が咲いていれば街中の公園でも普通に見ることができます。食べものは花の蜜ばかりではなく、ときには果実や昆虫も捕まえて食べます。

オナガマキバドリ

オスは喉からお腹にかけての赤がとても印象的な、ヒヨドリくらいの大きさの鳥です。メスはお腹が少し赤いくらいの色合いです。名前の通り、長い尾羽が特徴で、とてもよく似ているコムネアカマキバドリとの識別点になります。本種をはじめ、マキバドリ類は、草原や農耕地、牧場のような開けた環境にすんでいて、地上を歩くのが得意です。そのため、足はとてもがっしりとしたつくりをしています。オスは南半球の春である9月になると、灌木や杭の上にとまって涼しげな声でさえずり、なわばり宣言をします。

学名	*Sturnella loyca*
学名読み	ストゥルネッラ ロイカ
学名の意味	小さなムクドリ＋チリ語の本種の呼び名
英名	Long-tailed Meadowlark
英名読み	ロング・テイルド・メドゥラーク
英名の意味	尾の長い＋牧場のヒバリ
漢字表記	尾長牧場鳥
分類	ムクドリモドキ科マキバドリ属
全長	27cm
主な分布	チリ、アルゼンチン、フォークランド
撮影場所	フォークランド諸島
撮影者	Heike Odermatt

オナガ
ベニサンショウクイ

オスは赤と黒の対比があざやかなとてもスマートな鳥です。メスは黄色と灰色の色彩をしています。同属で日本に生息するサンショウクイ *Pericrocotus divaricatus* は白、黒、灰色のとても地味な鳥なので、こんな鮮やかなサンショウクイもいるのかと驚いてしまいます。7つの亜種が知られており、ベトナムにいる亜種のメスは黄色ではなくオレンジ色をしています。さまざまなタイプの明るい森に生息し、とくに松林を好む習性があります。食べものは昆虫でときには果実も食べます。それほど珍しい鳥ではありませんが、木の高いところにいることが多く、姿を見るのは簡単ではありません。

学名	*Pericrocotus ethologus*
学名読み	ペリクロコトゥス エトログス
学名の意味	濃いサフラン色の＋道化役者
英名	Long-tailed Minivet
英名読み	ロング・テイルド・ミニベット
英名の意味	尾羽の長い＋サンショウクイ
漢字表記	尾長紅山椒食
分類	サンショウクイ科サンショウクイ属
全長	17.5〜20.5cm
主な分布	アフガニスタン〜中国、タイ、ベトナム
撮影場所	中国
撮影時期	3月
撮影者	John Holmes

宝石の名前を授けられた大型のハチドリです。その名の通り、金属光沢の美しい羽毛で全身が覆われていて、「ハチドリの王様」の異名をもつのも納得です。主な生息環境はアマゾン川流域の熱帯雨林で、標高が高いところでは見られません。とても気性が荒く、自分が気に入った花のまわりになわばりを築き、近寄ってくるハチドリを見つけると、飛んでいって追い払います。また、20羽近くのオスが集まり、複雑な声でさえずりながら翼を広げるなどの求愛ダンスを踊り、メスを誘います。

学　　名	*Topaza pella*
学名読み	トパザ ペッラ
学名の意味	トパーズ色の＋宝石
英　　名	Crimson Topaz
英名読み	クリムゾン・トパーズ
英名の意味	深紅＋トパーズ
漢字表記	黄玉蜂鳥
分　　類	ハチドリ科トパーズハチドリ属
全　　長	21〜23cm
主な分布	コロンビア、エクアドル、ブラジル
撮 影 者	M. Watson

トパーズハチドリ

ギンザンマシコ

北半球の亜寒帯に広く分布し、オスは赤く、メスは黄色い小鳥。とにかくマツの種子が大好物で、英名、学名ともにそれにちなみます。和名のギンザン（銀山）は、北海道の地名という説があります。大きさはヒヨドリよりも一回り小さく、アトリ科では最大級です。オスは、ピンクがかったあざやかな赤色の体で、黒い翼と尾羽がその赤をいっそう引き立てます。本種は北海道で見ることができ、知床半島や大雪山では繁殖しています。冬はナナカマドの果実を求め、札幌などの市街地にも姿を見せます。こんな美しい鳥が街中でみられるなんて、とてもうらやましいことです。本州でもごくまれに見られることがありますが、そんな幸運に恵まれたいものです。

学　　名　*Pinicola enucleator*
学名読み　ピニコラ エヌクレアトル
学名の意味　松にすむもの＋核（種）を取り出すもの
英　　名　Pine Grosbeak
英名読み　パイン・グロスビーク
英名の意味　松＋大きな円錐形のくちばしの鳥＊
漢字表記　銀山猿子
分　　類　アトリ科ギンザンマシコ属
全　　長　18.5～25.5cm
主な分布　北半球北部
撮影場所　アラスカ
撮 影 者　Michael Quinton

＊17世紀のフランス語grosbec（[gros＝big・fat]+[bec＝beak]）に由来する

クリムネアカマシコ

ヒマラヤ山脈にすむ赤い小鳥です。夏は標高3000m以上にいますが、冬は2000m付近まで下がってきます。赤いのはオスだけで、良く熟したイチゴのような、暗めの赤い色をしています。和名も英名も胸の暗褐色の帯に注目してつけられていますが、表現がちょっと違います。英名は単純に「暗い胸」と表現していますが、和名は「栗色の胸」と具体的な色名で表現。色彩表現が豊かな日本語ならではのネーミングです。広葉樹林から針葉樹林まで幅広く生息していますが、高い木の上にはおらず、やぶを出たり入ったりしながら、地面に落ちている草の種子を食べます。真っ赤なオスがピンクのシャクナゲの花にとまると、美しさがいっそう引き立ちます。

学名	*Procarduelis nipalensis*
学名読み	プロカルデュエリス ニパレンシス
学名の意味	ヒワ属の鳥に似た＋ネパール産の
英名	Dark-breasted Rosefinch
英名読み	ダーク・ブレステッド・ローズフィンチ
英名の意味	暗い＋胸の＋薔薇色のヒワ（小鳥）
漢字表記	栗胸赤猿子
分類	アトリ科クリムネアカマシコ属
全長	15〜16cm
主な分布	ヒマラヤ山脈、中国、ミャンマー
撮影場所	インド　ダージリン
撮影時期	2008年3月
撮影者	Axel Gebauer

ムラサキマシコ

学　　名	*Haemorhous purpureus*
学名読み	ハエモロウス プルプレウス
学名の意味	血のように赤い腰＋紫色の
英　　名	Purple Finch
英名読み	パープル・フィンチ
英名の意味	紫色＋ヒワ（小鳥）
漢字表記	紫猿子
分　　類	アトリ科メキシコマシコ属
全　　長	13.5〜14.5cm
主な分布	北アメリカ
撮影場所	アメリカ　ニューヨーク
撮影時期	5月
撮 影 者	Marie　Read

紫がかった赤色の小鳥なのでムラサキマシコ。英名も学名も体の色にちなみます。ある著名な鳥の研究者は、本種をラズベリージュースにつけた色と表現したとか。ピンクか赤か迷うところです。夏の繁殖期には針葉樹と広葉樹が混じったカナダの森で子育てし、冬はアメリカ東部で越冬します。五大湖周辺や西海岸では一年中見られる地域もあります。夏にこの鳥に出会うには、鳴き声が手がかりです。独特の涼しげな声のさえずりを頼りに探します。主食は種子で、太い丈夫なくちばしで割って食べます。ニューヨークでは、1950年代に人の手によって放されたメキシコマシコ（45ページ）によって、本種が減ってしまったことがわかっています。

アカマシコ

ヨーロッパから極東ロシアまでの主に亜寒帯の森で繁殖し、冬はインドや東南アジアの北部、中国などで越冬する小鳥です。オスは頭から喉、胸にかけて赤く、背中や翼などは赤みがかった茶色です。メスには赤みがなく、灰褐色の地味な小鳥です。5つの亜種が知られており、赤色の面積などが違います。写真の鳥は、お腹まで赤くなるトルコにすむ亜種です。また、繁殖期にはよりいっそう赤みが増します。日本の各地でも、ごくまれに見られることがありますが、真っ赤なオスに出会うことはなかなかありません。

学名	*Carpodacus erythrinus*
学名読み	カルポダクス エリトリヌス
学名の意味	果物をついばむもの＋赤い
英名	Common Rosefinch
英名読み	コモン・ローズフィンチ
英名の意味	普通の＋薔薇色のヒワ（小鳥）
漢字表記	赤猿子
分類	アトリ科オオマシコ属
全長	13.5〜15cm
主な分布	ユーラシア大陸
撮影場所	トルコ エルズルム
撮影者	Daniele Occhiato

メキシコマシコ

北アメリカではごく普通にいる身近な鳥です。英名はよく庭で見かけることにちなみます。オスは、頭から胸にかけてあざやかな赤色をしていますが、この色は食べものに含まれる色素によって発現します。メスはスズメのような褐色です。本種はもともと、アメリカ西部からメキシコにかけてのみ分布していた鳥でした。ところが、1940年のニューヨークで事件が起きました。悪質な業者が、不法に捕獲した本種を販売しようとして発覚、摘発を逃れるために鳥を全部放したのです。このとき逃げ出した鳥が野生化し繁殖を開始。その子孫があっというまにアメリカ全土に広がった経緯があります。現在では2億6700万羽～14億羽もいると見積もられているから驚きます。

学　　名	*Haemorhous mexicanus*
学名読み	ハエモロウス メキシカヌス
学名の意味	血のように赤い腰＋メキシコの
英　　名	House Finch
英名読み	ハウス・フィンチ
英名の意味	家＋ヒワ（小鳥）
漢字表記	墨西哥猿子
分　　類	アトリ科メキシコマシコ属
全　　長	12.5～15cm
主な分布	北アメリカ
撮影場所	アメリカ　テキサス州　オースチン
撮 影 者	Jan Wegener

ブドウイロマシコ（新称）

さまざまな赤い鳥がいる中で、一二を争う色の濃さの鳥です。とくに繁殖期のオスは、ここまで赤くなる鳥がいるのかとため息が出るほどです。目の上の白い部分がアクセントになってさらに美しさを引き立てています。英名では赤ワイン色と表現していて、なかなかオシャレです。主な食べものは草の種子で、太いくちばしで割って食べます。子育てをする夏は昆虫も食事のメニューに加わります。かつての分類で本種はタカサゴマシコとよばれ、ヒマラヤから台湾まで広く分布するとされていました。しかし、最新の分類では台湾の亜種は別種となり、そちらをタカサゴマシコとよぶことになりました。本種には和名がついていなかったので、今回新たにブドウイロマシコと名づけました。

学名	*Carpodacus vinaceus*
学名読み	カルポダクス ウィナケウス
学名の意味	果物をついばむもの＋葡萄酒色の
英名	Vinaceous Rosefinch
英名読み	ヴァイネイシャス・ローズフィンチ
英名の意味	赤ワイン色の＋薔薇色のヒワ（小鳥）
漢字表記	葡萄色猿子
分類	アトリ科オオマシコ属
全長	13〜16cm
主な分布	ネパール、インド、中国、ミャンマー
撮影場所	中国　四川省
撮影者	John Holmes

シロボシマシコ

学　　名	*Carpodacus rubicilla*
学名読み	カルポダクス ルビキッラ
学名の意味	果物をついばむもの＋赤い尾の
英　　名	Great Rosefinch
英名読み	グレート・ローズフィンチ
英名の意味	大きな＋薔薇色のヒワ（小鳥）
漢字表記	白星猿子
分　　類	アトリ科オオマシコ属
全　　長	19〜21cm
主な分布	中央アジア
撮影場所	ロシア　コーカサス地方
撮影時期	2008年6月
撮 影 者	Tom Schandy

オオマシコ類で最も大きな鳥です。オスは全身が深紅で、頭や胸からお腹にかけて小さな白い斑点模様が散りばめられています。和名では、この特徴を白い星にたとえています。メスは地味な褐色の鳥で、赤くはありません。本種の分布は2つの離れた地域に分かれています。1つは中央アジアから中国にかけてで、もう1つは遠く離れたコーカサス地方です。これだけ離れているとさすがに亜種が異なり、コーカサス地方の亜種は赤色が濃くなっています。主な生息環境は山岳地帯の岩場や草原です。繁殖地はコーカサス地方で2500〜3500mにかけて、ヒマラヤでは3300〜5000mもの高い山です。冬になると短い距離を移動し、標高の低い場所で過ごすことが知られています。

アカハラヤブモズ

西アフリカのサバンナにすむムクドリくらいの大きさの鳥です。喉から腹にかけての下面が真っ赤でとてもよく目立ち、和名はそれに由来します。英名は頭が黄色い点に着目してつけられました。オスもメスも同じ色です。5mよりも高い木の上にいることはほとんどなく、地上近くで生活しています。低い木の枝にとまったり、地面に降りたりして、バッタやコガネムシなどの昆虫を探して食べ、ときには小さな鳥のひなも獲物とします。また、落ち葉をどけてその下に潜む昆虫を探し出す行動もします。

学名	*Laniarius barbarus*
学名読み	ラニアリウス バルバルス
学名の意味	モズに似た＋よそ者の
英名	Yellow-crowned Gonolek
英名読み	イエロー・クラウンド・ゴノレク
英名の意味	黄色＋冠羽の＋ヤブモズ
漢字表記	赤腹藪百舌
分類	ヤブモズ科ヤブモズ属
全長	23cm
主な分布	西アフリカ
撮影場所	ガンビア
撮影時期	2月
撮影者	Bill Coster

ハジロアカハラヤブモズ

学　　名　*Laniarius atrococcineus*
学名読み　ラニアリウス アトロコッキネウス
学名の意味　モズに似た＋黒と緋色の
英　　名　Crimson-breasted Gonolek
英名読み　クリムゾン・ブレステッド・ゴノレク
英名の意味　深紅の胸の＋ヤブモズ
漢字表記　羽白赤腹藪百舌
分　　類　ヤブモズ科ヤブモズ属
全　　長　22〜23cm
主な分布　南アフリカ
撮影場所　南アフリカ　クガラガディ国立公園
撮 影 者　Dave Watts

名前のハジロとは翼に白い色があることをいいます。アカハラヤブモズに似ていますが、名前の通り、翼に白い線状の模様があるので区別がつきます。また、頭頂部は黄色ではなく真っ黒です。それよりもやはり喉からお腹が深紅なのに目を奪われます。生息地の1つ、ナミビアの国鳥です。アカシアがまばらに生えるサバンナで暮らしています。ヤブモズ科は、アフリカに50種ほどが知られています。日本にもいるモズ科に近いですが、お腹が赤や黄色などのあざやかな色彩をしているものが多くいます。地上近くで昆虫やトカゲなどを捕食して暮らしています。

フタツハバシゴシキドリ

西アフリカからアフリカ中央部にかけて分布する、体の上面が濃い青、下面が紫がかった赤色の鳥で、オスとメスはほぼ同色です。平地から標高2300mほどの高さにある二次林や川沿いの林などで見られます。くちばしには特徴ある2つの切れ込みがあり、名前の由来になっています。この切れ込みは、活発に動き回るサソリやムカデなどを捕まえるのに役立ちます。ハバシゴシキドリ科は42種が知られており、いずれもアフリカに分布しています。オオハシに近いグループで、カラフルな色彩の鳥が多くいるのが特徴です。

学名	*Lybius bidentatus*
学名読み	リビウス ビデンタトゥス
学名の意味	不明の鳥*＋二つの歯のある
英名	Double-toothed Barbet
英名読み	ダブル・トゥースト・バーベット
英名の意味	二つの歯の＋ゴシキドリ
漢字表記	二歯嘴五色鳥
分類	ハバシゴシキドリ科ハバシゴシキドリ属
全長	23cm
主な分布	西アフリカ、アフリカ中央部
撮影場所	ケニア　マサイマラ国立保護区
撮影者	David Tipling

*Lybiusは、アリストテレスが言及した不明の鳥の名だが、生息地であるアフリカのラテン語名Libyaにかけたとする説もある

ハシグロゴシキドリ

学　　名	*Lybius guifsobalito*
学名読み	リビウス グイフソバリト
学名の意味	不明の鳥＊＋現地での本種の呼び名
英　　名	Black-billed Barbet
英名読み	ブラック・ビルド・バーベット
英名の意味	黒いくちばしの＋ゴシキドリ
漢字表記	嘴黒五色鳥
分　　類	ハバシゴシキドリ科ハバシゴシキドリ属
全　　長	16～18cm
主な分布	エチオピアからタンザニア
撮影場所	エチオピア
撮影時期	4月
撮 影 者	Neil Bowman

全身が漆黒の羽毛で覆われ、顔から喉、胸にかけて真っ赤なハバシゴシキドリ科の鳥です。名前の由来となった黒いくちばしには、よく見ると1つだけ切れ込みがあります。エチオピアからタンザニアにかけてのごく限られた地域でしかみられない鳥で、アカシアがまばらに生えるサバンナに生息しています。普通は900～1600mの高さにすんでいますが、標高2200mでも記録があります。果実が主食で、グアバやパパイアをよく食べます。飛んでいる昆虫を飛びながら捕らえることもします。

セアカゲラ（新称）

スリランカの森に生息する、燃えるような赤い背をしたキツツキです。雌雄ともにだいたい同じ羽色ですが、冠羽の赤い色の面積がメスのほうが狭い点が違います。したがってこの写真の鳥はメスです。日本では、キツツキには派手なイメージがありませんが、世界にはこんな真っ赤な種もいるのですから驚きです。行動は他のキツツキと同じで、木の幹を素早く動き回りアリなどの昆虫を食べます。うっそうとした森よりも、林縁や木がまばらに生える疎林に生息しています。本種はヒメコガネゲラの亜種とされてきましたが、最新の分類では別種と考えられています。したがって、まだ和名がつけられていないので、今回新たに命名しました。

学名	*Dinopium psarodes*
学名読み	ディノピウム プサロデス
学名の意味	巨大な姿＋ホシムクドリに似た鳥
英名	Red-backed Flameback
英名読み	レッド・バックド・フレイムバック
英名の意味	赤い＋背中の＋炎のような背をしたキツツキ
漢字表記	背赤啄木鳥
分類	キツツキ科ズアカミユビゲラ属
全長	28cm
主な分布	スリランカ
撮影場所	スリランカ　ポロンナルワ
撮影時期	2月
撮影者	Gianpiero Ferrari

ミナミベニハチクイ

学　　名　*Merops nubicoides*
学名読み　メロプス ヌビコイデス
学名の意味　ハチクイ＋ベニハチクイに似た
英　　名　Southern Carmine Bee-eater
英名読み　サザン・カーマイン・ビーイーター
英名の意味　南の＋紅色の＋蜂食
漢字表記　南紅蜂食
分　　類　ハチクイ科ハチクイ属
全　　長　37cm
主な分布　アンゴラからタンザニア、ナミビア、ボツワナ、南アフリカ
撮影場所　ナミビア　ザンベジ川
撮 影 者　Wim van den Heever

ヒヨドリくらいの大きさで真っ赤な、とてもスマートな鳥。飛んでいる姿はまるで戦闘機のようでスタイリッシュです。サバンナにすんでいて、川沿いの土手に大集団の繁殖コロニーをつくります。名前の通りハチが大好物で、飛んでいるところをくちばしで器用に捕らえます。また、歩いているアフリカオオノガンという大きな鳥の背中に乗って、追い出されるバッタなどを巧みに捕らえるという頭の良い狩りもします。野火に集まり、炎で追い出される昆虫を捕らえるという変わった習性もあるなど、なかなか芸達者な鳥です。

コムラサキインコ

真っ赤な体に印象的な紫色の首輪模様がある美しいインコです。3つの亜種が知られますが、西パプアの亜種には紫色の首輪模様がありません。オスもメスも同じ色です。本種はペットとして日本でも見ることが多い鳥ですが、野生のものはインドネシア東部の北マルク諸島などのごく限られた島にしか生息しない、とても珍しいインコです。熱帯雨林やマングローブ林が生息環境で、ココナッツ農園などに姿を見せます。主な食べものは花の蜜や果実です。毎朝、群れをなして花の蜜を求めて飛び回り、夕方になるとねぐらの森に帰っていく生活をしています。

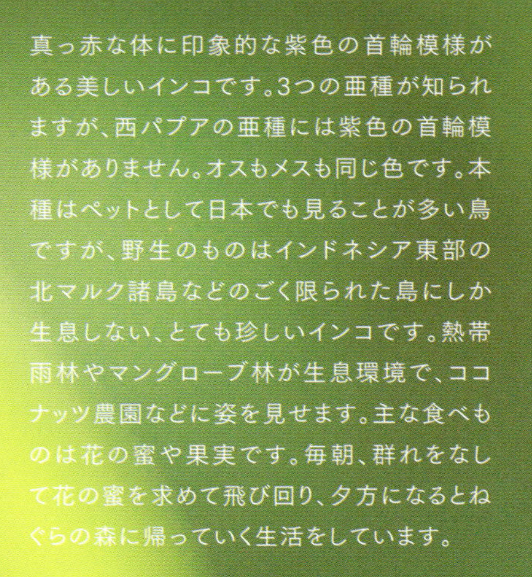

学名	*Eos squamata*
学名読み	エオス スクアマータ
学名の意味	暁の女神＋鱗模様の
英名	Violet-necked Lory＊
英名読み	バイオレット・ネックト・ローリー
英名の意味	紫色の首の＋緋インコ
漢字表記	小紫鸚哥
分類	インコ科ヒインコ属
全長	27cm
主な分布	インドネシア
撮影場所	インドネシア　モルッカ諸島
撮影時期	2006年5月
撮影者	Tim Laman

＊Loryは現地マレー語のlūriに由来する

ヒインコ

学名	*Eos bornea*
学名読み	エオス ボルネア
学名の意味	暁の女神＋ボルネオの
英名	Red Lory
英名読み	レッド・ローリー
英名の意味	赤＋緋インコ
漢字表記	緋鸚哥
分類	インコ科ヒインコ属
全長	27cm
主な分布	インドネシア
撮影場所	インドネシア　北マルク州
撮影時期	2006年5月
撮影者	Tim Laman

和名の緋とは炎のように赤い色のこと。その名の通り、翼のところどころが青黒い以外は、くちばしも目も全てが真っ赤。おそらく、最も赤いインコといっていいでしょう。2つの亜種が知られています。人にとても慣れやすい性質で、言葉もよく覚えるので、飼い鳥としても人気があり、江戸時代にはすでに日本に輸入されていた記録が残っています。野生の鳥は、生息分布が狭く、インドネシアのアボン島やセラム島とその周辺の島々にしか生息していません。海岸近くから標高1000mまでの森にすんでいますが、マングローブ林にいることが多いようです。花蜜や果実、小さな昆虫を主に食べています。

アオスジヒインコ

全身真っ赤なヒインコ類で、目の後ろと襟足に青い羽が筋のようにあるのが特徴です。インドネシアのタンニバル諸島などのごく限られた島にしか生息していません。マングローブの林などにすんでいると考えられていますが、食べものや繁殖習性など、野生での詳しい生態はほとんどわかっていません。ヒインコ類の主食は花の蜜や花びら、柔らかい果実です。花の蜜が吸いやすいように舌先がブラシ状になっているなど、他のインコと体のつくりがかなり違うので、研究者によってはヒインコ科と独立したグループと考えることもあります。

学名	*Eos reticulata*
学名読み	エオス レティクラータ
学名の意味	暁の女神＋網目模様の
英名	Blue-streaked Lory
英名読み	ブルー・ストリークド・ローリー
英名の意味	青い縞模様がある＋緋インコ
漢字表記	青筋緋鸚哥
分類	インコ科ヒインコ属
全長	31cm
主な分布	インドネシア
撮影者	Kenneth W Fink

クラカケヒインコ

学　　名	*Eos cyanogenia*
学名読み	エオス キアノゲニア
学名の意味	暁の女神＋青い頬の
英　　名	Black-winged Lory
英名読み	ブラック・ウイングド・ローリー
英名の意味	黒い＋翼の＋緋インコ
漢字表記	鞍掛緋鸚哥
分　　類	インコ科ヒインコ属
全　　長	30cm
主な分布	インドネシア
撮影場所	インドネシア
撮 影 者	Papilio

翼が黒く、馬の鞍をかけたようにみえるのでこの名前がつきました。英名も黒い翼にちなみます。また、目の後方から頬にかけてあざやかな青色なのも、とても目立ちます。インドネシアのビアク島、スピオリ島、ヌムフォル島、マニム島などの限られた島だけに生息しています。海岸近くの熱帯雨林やマングローブ林にすんでいて、花を食べていると考えられていますが、詳しい生態はわかっていません。他のヒインコと同じように人になれやすいので、ペットとして人気がありますが、それが災いして野生の鳥の生息個体数は少なくなっています。

ヨダレカケズグロインコ

ソロモン諸島のマライタ島やマラキ島など、ごく一部の島にしか生息しないとても珍しいインコです。羽色（うしょく）は赤色を基調として、黄緑色、黄色、黒、青とじつにカラフル。胸にちょうどよだれかけのような黄色い模様があるので、和名も英名もそれにちなみますが、もう少しかわいいネーミングにならなかったのかと気の毒に思います。主に花の蜜や果実などを食べていますが、詳しい生態はわかっていません。英名のローリーは、尾羽が短くずんぐりした体型のインコにつけることが多いのですが、厳格な使い分けはありません。

学名	*Lorius chlorocercus*
学名読み	ロリウス クロロケルクス*
学名の意味	ヒインコ＋緑色の尾の
英名	Yellow-bibbed Lory
英名読み	イエロー・ビブド・ローリー
英名の意味	黄色＋よだれかけの＋緋インコ
漢字表記	涎掛頭黒鸚哥
分類	インコ科オビイロインコ属
全長	28cm
主な分布	東ソロモン諸島
撮影場所	ソロモン諸島
撮影者	Krystyna Szulecka

*属名のLoriusも54ページの英名Loryと同じく、現地マレイ語lūriに由来する

ショウジョウインコ

学　　名　*Lorius garrulus*
学名読み　ロリウス ガッルルス
学名の意味　ヒインコ＋ギャーギャー鳴く
英　　名　Chattering Lory
英名読み　チャッタリング・ローリー
英名の意味　けたたましく鳴く＋緋インコ
漢字表記　猩猩鸚哥
分　　類　インコ科オビイロインコ属
全　　長　30cm
主な分布　インドネシア
撮影場所　インドネシア
撮 影 者　David Hosking

インドネシアのモルッカ諸島に生息する、赤い中型のインコです。翼は美しい黄緑色で、赤との対比がとても美しい配色です。よくみると足の羽毛も緑色です。3つの亜種があり、背が黄色いものと赤いものがいます。海岸付近から標高1000mまでの森にすんでいて、木のてっぺん近くによくとまっています。主な食べものは花の蜜で、さまざまな種類の木の花で吸蜜しています。インドネシアではとても人気のある鳥のため、乱獲されて数が激減しています。さらに生息地の森林が開発され、絶滅が心配されています。

キンショウジョウインコ（オス）

オーストラリアの東海岸に広がる熱帯雨林や、ユーカリの森にすむ大型のインコです。ほとんどの種が雌雄同色のインコ類のなかで、オスとメスの色が違うというおもしろい鳥です。写真の鳥はオス。頭からお腹にかけて見事な赤色で、翼や背中は緑色という補色の配色が絶妙なデザインです。肩には淡い緑色の羽毛があり、学名はその特徴にちなみます。果実や種子など主に植物食で、ユーカリの実が好物です。平地でずっと暮らす鳥と、夏は森にいる鳥の2タイプがいて、夏に森にいる鳥も冬になると平地の街中の公園などに移動してきます。また、観光地のえさ台にも姿をみせ、人気者になっています。

学名	*Alisterus scapularis*
学名読み	アリステルス スカプラリス
学名の意味	アリスター氏の*＋肩に特徴のある
英名	Australian King Parrot
英名読み	オーストラリアン・キング・パロット
英名の意味	オーストラリアの＋キング氏＋オウム
漢字表記	金猩猩鸚哥
分類	インコ科キンショウジョウインコ属
全長	42～43cm
主な分布	オーストラリア
撮影場所	オーストラリア クイーンズランド州 アサートン
撮影者	Martin Willis

＊アリスター・ウィリアム・マシューズAlister William Mathews(1907-1985)。オーストラリアの鳥類学者グレゴリー・マシューズGregory Mathews(1876-1949)の息子

キンショウジョウインコ（メス）

メスの羽色は緑色がベースです。でも、胸からお腹にかけてはオスにひけをとらないあざやかな赤色なので、赤い鳥に入れてあげてもいいかもしれません。基本的な習性はオスと同じです。オーストラリアの春から夏にあたる9月から1月にかけてが繁殖期。大きな木にできた穴が巣で、白い卵を3～5個産みます。英名のキングは王様という意味ではなく、この鳥を発見した植物学者のジョージ・ケリーが、ニューサウスウェールズ州の総督（1800 - 1806）だったフィリップ・ギドレー・キングの名前を献名したといわれます。

学名	*Alisterus scapularis*
学名読み	アリステルス スカプラリス
学名の意味	アリスター氏の＋肩に特徴のある
英名	Australian King Parrot
英名読み	オーストラリアン・キング・パロット
英名の意味	オーストラリアの＋キング氏＋オウム
漢字表記	金猩猩鸚哥
分類	インコ科キンショウジョウインコ属
全長	42～43cm
主な分布	オーストラリア
撮影場所	オーストラリア　ビクトリア州
撮影者	Jan Wegener

オオハナインコ

大きなくちばしが鼻のようにみえるのでこの名前がつきました。ニューギニア、ソロモン諸島、オーストラリアのヨーク半島に分布するインコです。この鳥はオスとメスでまったく色が違うことで有名です。この写真の鳥はメス。全身が真っ赤で、首回りやお腹にかけてあざやかな紫色をしています。一方オスは全身が緑色の鳥。あまりにも違いすぎるため、昔は別種と思われていて、オスはオオハナインコ、メスはオオムラサキインコとよばれていました。

学名	*Eclectus roratus*
学名読み	エクレクトゥス ロラトゥス
学名の意味	選ばれた鳥＋露に濡れた
英名	Eclectus Parrot
英名読み	エクレクタス・パロット
英名の意味	選ばれた＋オウム
漢字表記	大鼻鸚哥
分類	インコ科オオハナインコ属
全長	40～43cm
主な分布	ニューギニア、ソロモン諸島、オーストラリアのヨーク半島
撮影時期	2012年1月
撮影者	GTW

アカクサインコ

オーストラリア南東部が分布の中心ですが、東海岸沿いにも飛び飛びに生息地があるインコです。英名の通り、深紅の羽毛で全身が覆われていて、ひときわ長い尾羽と翼の一部のコバルトブルーが目をひきます。海岸沿いから標高1900mまでの、主にユーカリの森にすんでいますが、ときには大群が街に飛んでくることもあります。観光地のえさ台もよく利用する鳥で、観光客の頭の上にとまったりする光景が見られます。主な食べものはユーカリの果実や草の種子などです。人によくなれるのでペットとして飼育されています。

学　　名　*Platycercus elegans*
学名読み　プラティケルクス エレガンス
学名の意味　広い尾の＋優雅な
英　　名　Crimson Rosella
英名読み　クリムゾン・ロゼーラ
英名の意味　深紅＋ナナクサインコ
漢字表記　赤草鸚哥
分　　類　インコ科ヒラオインコ属
全　　長　36cm
主な分布　オーストラリア
撮影場所　オーストラリア　ビクトリア州
撮 影 者　Jan Wegener

キサキインコ

南太平のトンガやフィジーの島々にすんでいる中型のインコです。赤、青、緑の派手な羽色はいかにも南の島の鳥といった感じですね。この鳥が発見されたのは1777年。海洋冒険家として名高いジェームス・クック（通称キャプテン・クック）が発見者です。学名には、この鳥が発見されたトンガの島の名前がつけられていますが、その後の研究でここは本来の生息地ではないことが判明。クックの発見よりもはるか昔、もともとの生息地のフィジーから、人の手によって持ち込まれ定着した鳥だったのです。熱帯雨林やマングローブにすんでいて、パパイヤやマンゴーなどの果実、木の芽や種子など植物質の食物を食べています。

学　　名　*Prosopeia tabuensis*
学名読み　プロソペイア タブエンシス
学名の意味　仮面をつけた＋トンガタブ島産の
英　　名　Maroon Shining Parrot
英名読み　マルーン・シャイニング・パロット
英名の意味　栗色＋輝く＋オウム
漢字表記　皇后鸚哥
分　　類　インコ科メンカブリインコ属
全　　長　45cm
主な分布　トンガ、フィジー
撮 影 者　Douglas Peebles

コンゴウインコ

学名	*Ara macao* *
学名読み	アラ マカオ
学名の意味	コンゴウインコ＋コンゴウインコ類
英名	Scarlet Macaw
英名読み	スカーレット・マコウ
英名の意味	緋色＋コンゴウインコ
漢字表記	金剛鸚哥
分類	インコ科コンゴウインコ属
全長	84〜89cm
主な分布	中央アメリカ、南アメリカ北部
撮影場所	ホンジュラス　ロアタン島
撮影者	Jurgen & Christine Sohns

翼を広げると1mにもなる巨大なインコです。長い尾羽が全長の半分近くを占めます。メキシコからニカラグアと、南アメリカのアマゾン川流域の熱帯雨林に生息しています。「金剛」とはダイヤモンドの古い呼び名です。光り輝く美しい羽の色がダイヤモンドを連想させることから名づけられたという説があります。深い緑の熱帯雨林の上を、深紅の本種が飛ぶ光景はまさにジャングルの宝石のようです。主な食べものは果実で、曲がった丈夫なくちばしで堅いヤシの実も砕いて食べてしまいます。人によく慣れるので昔からペットとして愛玩されてきましたが、そのことが災いして、野生の鳥の生息個体数は少なくなっています。中米の国ホンジュラスの国鳥です。

* Araはブラジルのトゥピ語の擬音語による現地名で、鳴き声を表すararaに由来。macaoはポルトガル語

ベニキジ

標高2500〜4500mの高い山にいる中型のキジ類です。日本にいるキジのように尾羽は長くなく、ずんぐりとした体型をしています。オスは全体的には灰色の鳥ですが、顔や喉、胸や尾羽が濃い赤色をしています。学名、英名ともに、この赤色が血液を連想させることにちなみます。針葉樹の森にすんでいますが、早朝には草の種子を求めて道路に群れで現れます。飛ぶよりも走る方が得意で、危険が迫るとものすごいスピードで走って逃げます。また、大きな鋭い声でとてもよく鳴く鳥でもあります。

学名	*Ithaginis cruentus*
学名読み	イタギニス クルエントゥス
学名の意味	純系の＋血で染められた赤
英名	Blood Pheasant
英名読み	ブラッド・フェザント*
英名の意味	血の色＋キジ
漢字表記	紅雉
分類	キジ科ベニキジ属
全長	44〜48cm
主な分布	ヒマラヤ
撮影場所	中国　チベット　雅魯蔵布江
撮影時期	6月
撮影者	Dong Lei

* Pheasantは、ギリシア語ファシアノスphasianosに由来し、原産地といわれる黒海沿岸のコルキスColchis地方を流れるファシス川Phasis（現リオニ川）が原義。ギリシア神話では、ファシス川のほとりでアルゴー船が最初に発見したとされる鳥の名前

クロアカヤイロチョウ

かつて本種はムラサキヤイロチョウのボルネオの亜種とされてきましたが、最新の分類では別種とされています。ムラサキヤイロチョウに似ていますが、本種は頭が黒いのが特徴で、英名はそれにちなみます。暗くうっそうとした熱帯雨林の地上近くで暮らしているため、姿を見るのはひじょうに困難です。薄暗いやぶの中で深紅のお腹と、輝くようなターコイズブルーの羽だけが浮かび上がって見えるといいます。ヤイロチョウ科の鳥は42種ほどが知られ、どの種もカラフルな色をしています。また、尾羽がとても短い独特な体型をしておりかわいらしいので、バードウォッチャーにとても人気があります。

学名	*Erythropitta ussheri*
学名読み	エリトロピッタ ウッセリ＊1
学名の意味	赤いヤイロチョウ＋アッシャー氏の
英名	Black-crowned Pitta
英名読み	ブラック・クラウンド・ピッタ＊2
英名の意味	黒＋冠の＋ヤイロチョウ
漢字表記	黒赤八色鳥
分類	ヤイロチョウ科アカハラヤイロチョウ属
全長	15〜16cm
主な分布	ボルネオ
撮影場所	マレーシア　サバ州　ダナムバレー
撮影者	Chien Lee

＊1　ハーバート・テイラー・アッシャーHerbert Taylor Ussher(1836-1880)、旧英領・黄金海岸(現・ガーナ)総督で鳥類学者

＊2　Pittaは、インド南部ドラビダ族のテルグ語Pittahaに由来し、小鳥を意味する

リビングストンエボシドリ

アフリカ南東部の海岸近くから標高2500mまでの森にすむエボシドリ類です。このグループの鳥は、頭が烏帽子のように盛り上がった形をしているのでこの名前がつきました。名前のリビングストンは、有名なアフリカ探検家のデイヴィット・リビングストンの弟の名前からです。本種はとまっていると緑色の鳥。ところが、ひとたび翼を広げると真っ赤な風切羽(かざきりばね)があらわれ、緑と赤の補色のコントラストがとても印象的な鳥に変身します。そこで、本書の編集では赤い鳥に入れました。

学名	*Tauraco livingstonii*
学名読み	タウラコ リヴィグストニイ
学名の意味	エボシドリ＋リビングストン氏の
英名	Livingstone's Turaco
英名読み	リビングストンズ・ツラコ*
英名の意味	リビングストン氏の＋エボシドリ
漢字表記	リビングストン烏帽子鳥
分類	エボシドリ科エボシドリ属
全長	40～43cm
主な分布	アフリカ南東部
撮影者	Fotolincs

*Tauracoは、鳥の鳴き声によるアフリカの現地名

ハゴロモガラス

学　　名	*Agelaius phoeniceus*
学名読み	アゲライウス ポエニケウス
学名の意味	群れに属する＋深い赤
英　　名	Red-winged Blackbird
英名読み	レッド・ウイングド・ブラックバード
英名の意味	赤い翼の＋ハゴロモガラス属の鳥
漢字表記	羽衣烏
分　　類	ムクドリモドキ科ハゴロモガラス属
全　　長	22cm
主な分布	北アメリカ
撮影場所	アメリカ　テキサス州
撮 影 者	Alan Murphy

真っ黒な鳥なので、本来ならば黒い鳥というべきかもしれませんが、翼の肩にとてもよく目立つ強烈な赤があり、印象としては赤い鳥にいれてもいいかなと思います。真っ黒な羽色(うしょく)がカラスを連想させることから名前がつきましたが、カラスとは関係がないムクドリモドキ類です。メスはスズメのような地味な灰褐色の鳥で、一見同種とは思えません。夏はヨシやガマが茂る湿地の草原で繁殖し、オスは独特の声でさえずり、なわばりを主張します。冬は農耕地や牧草地に大きな群れをつくって暮らします。アメリカで最も個体数が多い鳥の一種とされ、総個体数は2億5000万羽を超えるという研究もあります。

ズアカキヌバネドリ

絹のような、なめらかな羽毛をもつのでキヌバネドリと名づけられました。和名は頭が赤いことに由来しますが、頭だけではなく、胸からお腹も真っ赤です。キヌバネドリ科は美麗種が多いのですが、ここまで赤いのは本種のオスだけです。くちばしと目の周りが紫色というのもポイントです。メスのお腹は赤いのですが、その他は明るい茶色で華やかさはあまりありません。深い森にすみ、昆虫や果実を食べています。アジアキヌバネドリ属の学名は泥棒という意味です。これはスズメバチやシロアリの巣を奪って巣をつくる習性に由来します。

学名	*Harpactes erythrocephalus*
学名読み	ハルパクテス エリトロケパルス
学名の意味	泥棒＋頭の赤い
英名	Red-headed Trogon＊
英名読み	レッド・ヘッディド・トロゴン
英名の意味	赤い頭の＋キヌバネドリ
漢字表記	頭赤絹羽鳥
分類	キヌバネドリ科アジアキヌバネドリ属
全長	31～35cm
主な分布	ヒマラヤ、中国～スマトラ
撮影場所	タイ
撮影者	Robert Kennett

＊Trogonは、ギリシア語trōgōnに由来し、かじるものの意味。朽ち木をかじって巣穴をつくったり、果物をかじることから

ショウジョウトキ

学名	*Eudocimus ruber*
学名読み	エウドキムス ルベル
学名の意味	有名な鳥＋赤い
英名	Scarlet Ibis
英名読み	スカーレット・アイビス＊
英名の意味	緋色＋トキ
漢字表記	猩猩朱鷺
分類	トキ科シロトキ属
全長	60cm
主な分布	南アメリカ北部
撮影場所	ブラジル　イグアス川
撮影者	B.G. Thomson

エクアドルの湿地やコロンビアから、ブラジルにかけての海岸湿地に生息するトキ科の鳥です。オスもメスもとにかく真っ赤。赤くないのは目と翼の4枚の風切羽（かざきりばね）の先端だけというくらいの徹底ぶりです。主な食べものは魚や甲殻類で、長いくちばしで水の中を探りながら捕らえます。トリニダード・トバゴの国鳥です。ごくまれに日本でも見つかることがありますが、飼育施設から逃げ出した鳥です。

＊Ibisは、ギリシア語でエジプトの霊鳥の名前（アリストテレス『動物誌』9巻27章）

ショウジョウトキはマングローブに大集団をつくって繁殖します。かつては近縁のシロトキと同種と考えられていましたが、両種が混在する集団繁殖地でも雑種ができることがないので、現在では別種と考えられています。

撮影場所　ガイアナ　シェル・ビーチ
撮影者　Pete Oxford

シ ョ ウ ジ ョ ウ ト キ

pink

色濃く輝く、ピンク色の喉の飾り羽が美しい小さなハチドリです。和名の赤ヒゲはかわいらしい雰囲気にはそぐわないですが、英名はワインのロゼの美しい色にたとえていてぴったりなネーミングです。この美しい飾り羽をもつのはオスだけで、求愛の時にふわりと広げてメスにアピールします。メスは喉が白く、体は茶色がかった緑色をしています。標高1500〜3000mの湿った森にすんでいて、花の蜜や昆虫を食べます。小さな体を活かして、大きなハチドリのなわばりにうまく忍び込んで食べものを捕るちゃっかりした鳥でもあります。グアテマラとメキシコに生息する亜種とホンジュラスに生息する2つの亜種があり、尾羽の先の色によって見分けられます。

学名	*Atthis ellioti*
学名読み	アッティス エッリオティ
学名の意味	アテネの女*1＋エリオット氏の*2
英名	Wine-throated Hummingbird
英名読み	ワイン・スローテッド・ハミングバード
英名の意味	ワイン色の＋喉をした＋ハチドリ
漢字表記	危地馬拉小赤髭蜂鳥
分類	ハチドリ科アカヒゲハチドリ属
全長	6.5〜7cm
主な分布	グアテマラ、メキシコ、ホンジュラス
撮影場所	ホンジュラス ラ・ティグラ国立公園
撮影時期	2月
撮影者	Neil Bowman

*1 Atthisは、古代ギリシアの女流詩人サッフォーのお気に入りで、レスボス島の若い女性の名との説や、ガンジス川のニンフの息子で、ハンサムで豪華に着飾ったインドの若者の名との説もある
*2 ダニエル・ジロー・エリオットDaniel Giraud Elliot(1835-1915)、米国の鳥類学者・動物学者

グアテマラコアカヒゲハチドリ

アンナハチドリ

アメリカ西海岸に分布するハチドリ。ごく普通の種で、ロサンゼルスのような大都会の花壇でも姿を見かけます。オスは頭と喉が見事なピンク色をしており、その輝きは見る角度によって変化します。オスはその特性を活かして、頭を左右に振り、あたかも赤い光が点滅するようにメスに見せつけ求愛します。またメスの前でホバリングしたあと、急上昇と急降下を繰り返すアクロバティックな求愛行動も行います。急降下のときには口笛のような音が出るのですが、ハイスピードカメラで撮影したところ、この音は尾羽の震動によって発生させていることがわかりました。また、そのときのスピードは時速97kmにもなるそうです。

学名	*Calypte anna*
学名読み	カリプテ アンナ
学名の意味	ベールをかぶった＋アンナ妃の＊
英名	Anna's Hummingbird
英名読み	アンナズ・ハミングバード
英名の意味	アンナ妃の＋ハチドリ
漢字表記	アンナ蜂鳥
分類	ハチドリ科アンナハチドリ属
全長	10〜11cm
主な分布	アメリカ西海岸
撮影時期	2010年12月
撮影者	Avesography

＊ アンナ・デスリングAnne Debelle, Princesse d'Essling (1802-1887)、フランスの鳥類標本収集家でリヴォリ公爵、フランソワ・ビクター・マッセナ Francois Victor Masséna Prince D'Essling, Duc de Rivoli(1795-1863)の妃

マメハチドリ

学　　名　*Mellisuga helenae*
学名読み　メッリスガ ヘレナエ
学名の意味　蜜を吸う＋ヘレン夫人の＊
英　　名　Bee Hummingbird
英名読み　ビー・ハミングバード
英名の意味　ハチ＋ハチドリ
漢字表記　豆蜂鳥
分　　類　ハチドリ科コビトハチドリ属
全　　長　5〜6cm
主な分布　キューバ
撮影場所　キューバ　マタンサス州　ザパタ・ペニンシュラ
撮影時期　3月
撮 影 者　Kevin Elsby

全長5cm、体重わずか2gの世界で最も小さな鳥です。5cmという数字はそれほど小さな感じがしませんが、この長さにはくちばしと尾羽も含まれるので、実際の体の大きさはわずか3cmほど。さらにこんな小さな体にもかかわらず、オスは頭と喉がきらめく濃いピンク色で、なかなかどうしてオシャレです。とっても小さな体ですから代謝率が高く、つねに食べ続けなければ生きていけません。一日に1500もの花を訪れ、体重の半分もの蜜を吸います。この愛すべき小さなハチドリは、生息地のキューバではそれほど珍しい種ではありませんでしたが、近年は生息環境の森林が破壊されたことにより、数が激減しているそうです。

＊ ヘレン・ブースHelen Booth、キューバのサトウキビ農場主チャールズ・ブースCharles Boothの妻で、
夫妻は本種をキューバで発見した博物学者ファン・クリストバル・グンドラッハJuan Cristóbal Gundlach (1810-1896)を援助した

ハイイロサンショクヒタキ

本種のオスは、ピンク色の前掛けをしているとてもキュートな小鳥です。英名はオスの特徴を薔薇色と表現していますが、和名はハイイロサンショクヒタキ。メスや幼鳥は灰褐色の地味な色合いですので、それが和名の由来かもしれません。繁殖期になるとオスは「ピッピッピルルル、ビービー」と独特な節回しでさえずります。春から夏は湿った温帯林や熱帯雨林で暮らし、冬はやぶのある乾燥した開けた場所に移動します。春や秋の移動の時期には街中の公園でも見ることがあります。主な食べものは昆虫です。

学　　名	*Petroica rosea*
学名読み	ペトロイカ ロセア
学名の意味	岩にすむ＋薔薇色の
英　　名	Rose Robin
英名読み	ローズ・ロビン
英名の意味	薔薇色＋ヨーロッパコマドリ
漢字表記	灰色三色鶲
分　　類	オーストラリアヒタキ科サンショクヒタキ属
全　　長	11〜12cm
主な分布	オーストラリア南東部
撮影場所	オーストラリア　ビクトリア州
撮 影 者	Greg Oakley

セグロサンショクヒタキ

学名　*Petroica rodinogaster*
学名読み　ペトロイカ ロディノガステル
学名の意味　岩にすむ＋薔薇色の腹の
英名　Pink Robin
英名読み　ピンク・ロビン
英名の意味　ピンク色＋ヨーロッパコマドリ
漢字表記　背黒三色鶲
分類　オーストラリアヒタキ科サンショクヒタキ属
全長　11.5〜13cm
主な分布　オーストラリア南東部・タスマニア島
撮影場所　オーストラリア　タスマニア州　セント・クレア湖国立公園　クレイドル山
撮影者　Martin Willis

オーストラリア南東部のビクトリア州やタスマニア島の湿った森にすむとてもかわいらしい小鳥です。オスはハイイロサンショクヒタキと似ていますが、体上面の色がほとんど黒に近いくらい濃く、胸からお腹まで広い範囲がピンク色なので区別することができます。また、さえずりも「ビッピルルルル」とまったく違います。ただ、メスや幼鳥は、ハイイロサンショクヒタキとほとんど同じ色なので見分けるのは難しくなります。英名にはロビン（ヨーロッパコマドリ）の名が使われています。これは姿がヨーロッパにいるロビンと似ているので、なかまだと思われていたからですが、最新のDNAを使った分類では類縁関係はまったくないことが判明しています。

シロスジハチドリ

ブラジル東部から南部の森や草原にすむ固有種のハチドリ。オスの胸からお腹には、1本の白い線がすっと通っていてとても目立ち、それが名前の由来となっています。全体的には緑色の鳥ですが、キラキラしたピンク色の羽が喉を飾っているので、ピンクの鳥の中に入れてあげましょう。本種がきれいなのは繁殖期だけ。それ以外の季節はくすんだ色になります。ハイビスカスなどの園芸植物の花も積極的に利用し、砂糖水のえさ台にもよく飛んできます。

学　　名　*Heliomaster squamosus*
学名読み　ヘリオマステル スクアモスス
学名の意味　太陽を求める者＋鱗のある
英　　名　Stripe-breasted Starthroat
英名読み　ストライプ・ブレステッド・スタースロート
英名の意味　線のある胸の＋星のような喉
漢字表記　白筋蜂鳥
分　　類　ハチドリ科ノドフサハチドリ属
全　　長　11〜12.5cm
主な分布　ブラジル
撮影場所　ブラジル
撮 影 者　Glenn Bartley

マミジロマシコ

学　　名	*Carpodacus thura*
学名読み	カルポダクス トゥラ
学名の意味	果物をついばむもの＋スーラ嬢の＊
英　　名	Himalayan White-browed Rosefinch
英名読み	ヒマラヤン・ホワイト・ブロウド・ローズフィンチ
英名の意味	ヒマラヤの＋白い眉の＋薔薇色の小鳥
漢字表記	眉白猿子
分　　類	アトリ科オオマシコ属
全　　長	17〜18cm
主な分布	ヒマラヤ山脈
撮影場所	中国　チベット　ナムチャバルワ
撮 影 者	Dong Lei

ヒマラヤ山脈の3000〜4000mほどの標高で見かけることが多い小鳥です。オスは顔からお腹にかけてピンク色で、シャクナゲの花に負けない美しさです。いっぽうメスや幼鳥はピンク色がなく、とても地味な褐色です。生息地ではごく普通にいる鳥なのですが、なぜか美しいオスに出会うことが少なく、さらにとってもシャイな性格のため、すぐにシャクナゲの茂みに隠れてしまう写真家泣かせの鳥です。和名も英名も本種の特徴の1つである目の上の白い線にちなみます。またマシコとは猿の古語で、猿の顔が赤いことにちなんで、さまざまな赤い小鳥の名前に使われています。日本には、本種に近縁なオオマシコが冬鳥として渡来します。

＊ スーラ・ニルソンThura Nilsson、スウェーデンの動物学者スヴェン・ニルソンSven Nilsson(1787-1883)の娘の名

サバクマシコ

砂漠にすむピンク色の小鳥。日本にも冬になると渡ってくるオオマシコと同属の鳥です。ピンク色なのはオスだけで、メスは地味な褐色の鳥です。英名は生息地のシナイ山にちなみます。かつてはアフガニスタンや中国にいるPale Rosefinchと同種と思われていましたが、最新の分類では別種として分けられました。地上を歩きながら主に草の種を食べています。写真は、岩にたまった水を飲みに来たところ。水場で待っていると本種をはじめさまざまな鳥たちがやってきます。まさに砂漠の小さなオアシスです。

学名	*Carpodacus synoicus*
学名読み	カルポダクス シノイクス
学名の意味	果物をついばむ者＋シナイ山の＊
英名	Sinai Rosefinch
英名読み	シナイ・ローズフィンチ
英名の意味	シナイ山＋薔薇色のヒワ（小鳥）
漢字表記	砂漠猿子
分類	アトリ科オオマシコ属
全長	14.5〜16cm
主な分布	イスラエル、エジプト
撮影場所	イスラエル　エイラート
撮影者	Avi Meir

＊シナイ山は、エジプトのシナイ半島にあり、旧約聖書でモーゼが神から十戒を授かったとされる山

バラムネアラレチョウ

アフリカ南東部のごく限られた地域にしか生息しない珍しいカエデチョウ科の一種。左側の頭から胸にかけてピンク色なのがオスで、右側の茶色い鳥がメスです。おそらくつがいで水を飲みに来たのでしょう。乾いた林や草原にすんでいて、地上で草の種や昆虫を探して食べます。どちらも黒いお腹にはスパンコールのようなあられ模様が散りばめられており、名前の由来となっています。学名の*margaritatus*とは「真珠で飾られた」という意味。お腹のあられ模様はまさに真珠のように見えますね。

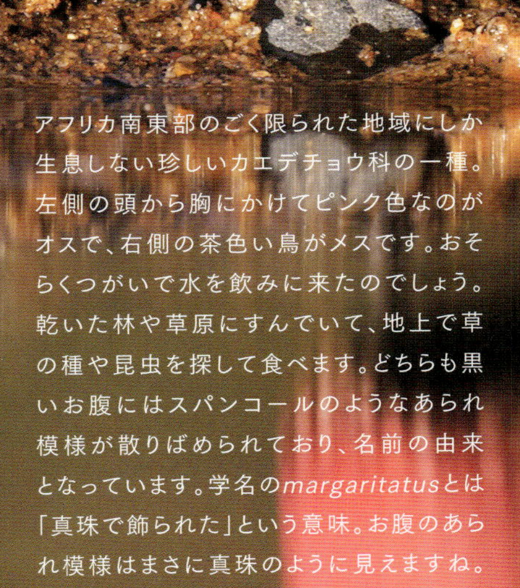

学　　名　*Hypargos margaritatus*
学名読み　ヒパルゴス マルガリタトゥス
学名の意味　下面が白く輝く鳥＊＋真珠で飾られた
英　　名　Pink-throated Twinspot
英名読み　ピンク・スローテッド・ツインスポット
英名の意味　ピンクの喉の＋アラレチョウ(二つの斑点)
漢字表記　薔薇胸霰鳥
分　　類　カエデチョウ科アラレチョウ属
全　　長　12〜13.5cm
主な分布　モザンビーク〜南アフリカ
撮影場所　南アフリカ　クワズール・ナタール州　ジマンガ
撮影時期　5月
撮 影 者　Ann & Steve Toon

＊下面が百の眼をもつ巨人アルゴスとの説もある

ベニカザリドリ

アマゾンの熱帯雨林にすむハトくらいの大きさの赤い鳥ですが、幼鳥は写真のようにピンク色をしています。カザリドリ類で、ほかに類縁関係のある鳥がいない1属1種の珍しい鳥です。主な分布域はアマゾン川河口付近とその北側の地域で、フランス領ギアナ、ガイアナ、スリナムなどでも見つかっています。ジャングルの奥深くにいる鳥なので、まだ発見されていない地域があると考えられています。虫や花の芽のほかに果実を食べた観察例もありますが、生態などの詳しいことはあまりわかっていない鳥です。

学名	*Haematoderus militaris*
学名読み	ハエマトデルス ミリタリス
学名の意味	血紅色の首の＋軍服風の
英名	Crimson Fruitcrow
英名読み	クリムゾン・フルーツクロー
英名の意味	深紅の＋果実を食べるカラス
漢字表記	紅飾鳥
分類	カザリドリ科ベニカザリドリ属
全長	33～35cm
主な分布	北東アマゾン
撮影者	ZSSD

バライロムクドリ

学　　名　*Pastor roseus*
学名読み　パストル ロセウス
学名の意味　羊飼い＋薔薇色の
英　　名　Rosy Starling
英名読み　ロージー・スターリング
英名の意味　バラ色＋ホシムクドリ
漢字表記　薔薇色椋鳥
分　　類　ムクドリ科バライロムクドリ属
全　　長　18〜19cm
主な分布　東ヨーロッパ〜西アジア、インド
撮影場所　ギリシャ　ケルキニ湖
撮影時期　2008年5月
撮 影 者　Blickwinkel

日本にいるムクドリは灰色のどちらかというと地味な鳥ですが、本種はお腹や背中、くちばしが淡いピンク色でその他が黒色とツートンカラーのオシャレな鳥です。この色彩はオスもメスも同じですが、メスの方がやや淡くなります。また、頭にはぼさぼさの冠羽(かんう)があり、興奮すると広がります。幼鳥には冠羽がありません。姿はきれいなのですが、声は「キュルル」とか「ジャージャー」とあまり美しくありません。東ヨーロッパから西アジアで繁殖し、インドに移動して冬を越します。日本にも迷った鳥が山形、東京、千葉、島根、石川、高知、鹿児島、沖縄などで記録されています。

コフラミンゴ

コガタフラミンゴともよばれます。フラミンゴ類で最も小さく、最も個体数が多い種です。アフリカ大陸を縦に切り裂く大地溝帯に点在する強アルカリ性の湖に好んですみ、ときには100万羽にもなる大集団をつくります。強アルカリ性の湖は、魚もすめない死の湖ですが、藍藻(らんそう)の一種であるスピルニナは平気なので大繁殖します。コフラミンゴはこのスピルニナが主な食べもの。フィルターのような機能がある特別なくちばしで漉(こ)しとって食べます。また、スピルニナには色素のカロテンが含まれており、これを食べることによって、白い羽毛をピンク色に染め上げます。

学名	*Phoeniconaias minor*
学名読み	ポエニコナイアス ミノル
学名の意味	紅色の水の精＋より小さい
英名	Lesser Flamingo
英名読み	レッサー・フラミンゴ
英名の意味	小さい＋フラミンゴ
漢字表記	小紅鶴
分類	フラミンゴ科コフラミンゴ属
全長	80〜90cm
主な分布	アフリカ、インド
撮影場所	ケニア　ナクル湖
撮影者	Anup Shah

コバシフラミンゴ

学名	*Phoenicoparrus jamesi*
学名読み	ポエニコパッルス ヤメシ
学名の意味	紅色の不吉を知らせる鳥＋ジェイムズ氏の
英名	James's Flamingo
英名読み	ジェイムズズ・フラミンゴ
英名の意味	ジェイムズ氏の＊＋フラミンゴ
漢字表記	小嘴紅鶴
分類	フラミンゴ科アンデスフラミンゴ属
全長	90～92cm
主な分布	アンデス山脈（ペルー、ボリビア、チリ、アルゼンチン）
撮影場所	ボリビア　ラグナ・コロラダ
撮影者	Tui De Roy

標高3500m以上のアンデス山脈に点在する塩湖に生息するフラミンゴです。ピンクの体に黄色と黒のくちばしが印象的な鳥です。同じ地域に分布するアンデスフラミンゴによく似ていますが、くちばしが小さく、和名はその特徴にちなんでいます。英名のジェイムズとは、イギリスのナチュラリストの名前で、この鳥を採集した研究チームのスポンサーだったため、献名されました。塩湖にたくさんいる藻類を漉(こ)しとって食べます。フラミンゴのくちばしはどの種も小さな食べものをフィルターのような構造で漉しとって食べますが、とくに本種のフィルターはとても発達しており、より細かい藻類をとるのに適した構造になっています。

＊ハリー・バークレイ・ジェイムズHarry Berkeley James（1846-1892）、チリで長年働いた英国のビジネスマンにしてナチュラリストで、チリの鳥類研究の先駆者

ヨーロッパフラミンゴ

ピンクの鳥といえばフラミンゴですが、なかでも本種はその代表ともいえる存在。フラミンゴ類の最大種で、その優雅さは抜きん出ています。求愛行動がとてもユニークで、集団が雁首そろえて頭を左右に振る「旗振り」とよばれるダンスや、翼をパッと広げたり閉じたりして、黒い羽を目立たせるユニークな動作を繰り返します。大集団で繰り広げられるこの行動はなかなか優雅なものです。藍藻(らんそう)や藻類のような、とても小さなものを食べることが多いフラミンゴですが、本種はエビや甲殻類などのやや大型の食物をとります。また、生息環境はアルカリ湖だけでなく、海岸や干潟など比較的広範囲です。

学名	*Phoenicopterus roseus*
学名読み	ポエニコプテルス ロセウス
学名の意味	フラミンゴ＋薔薇色の
英名	Greater Flamingo
英名読み	グレーター・フラミンゴ
英名の意味	大きな＋フラミンゴ
漢字表記	欧州紅鶴
分類	フラミンゴ科フラミンゴ属
全長	120〜140cm
主な分布	地中海沿岸、アフリカ、インド
撮影場所	ギリシャ　レスボス島
撮影者	Jan van der Greef

ベニヘラサギ

学　　名　*Platalea ajaja*
学名読み　プラタレア アヤヤ
学名の意味　ヘラサギ＋本種の現地の呼び名
英　　名　Roseate Spoonbill
英名読み　ロウジエット・スプーンビル
英名の意味　薔薇色＋スプーンのようなくちばし
漢字表記　紅箆鷺
分　　類　トキ科ヘラサギ属
全　　長　68.5〜86.5cm
主な分布　北アメリカ南部〜南アメリカ
撮影場所　アメリカ合衆国　アラフラ・バンクス
撮影時期　3月
撮 影 者　Jeff Vanuga

サギと名前がついていますが、トキ類の一種。この首を伸ばしたまま飛ぶ姿勢はトキ科独特のものです。フロリダ半島やテキサス州の海岸、カリブ海の島、南米の湿地にすむ水鳥です。生息地の1つであるフロリダの国立公園ではとても人気があります。しゃもじのようなユニークなくちばしをしていて、水中の魚やエビなどの甲殻類を捕らえます。このくちばしを水に入れて左右に振りながら食物を探すのですが、見ていてあまり効率的には思えません。しかし、長い間これで生きてこられたのですから問題ないのでしょうね。美しいピンク色の羽毛は、食べた甲殻類の色素が体に取り込まれて発色します。アメリカではかつて、この美しい羽が狙われ数が激減しましたが、保護プロジェクトによって今では個体数が回復しています。

アンデス山脈の標高 3500～4500mにある塩湖にすむフラミンゴです。足が黄色く、翼をたたんだとき、風切羽の黒色が三角形にみえる点が他種のフラミンゴと違うところです。塩湖にたくさん発生する藻類をフィルター構造のくちばしで漉しとって食べます。もちろん羽毛の美しいピンク色は藻類がもつ色素のカロテンによるものです。かつてフラミンゴの羽色が食べもの由来であることがわからなかった時代、動物園で飼育するとだんだん白くなっていき、繁殖させることができませんでした。しかし、スイスのバーゼル動物園で色素を含んだエサを与えたところきれいなピンク色になり、繁殖に成功したというエピソードがあります。本種はフラミンゴの中で最も個体数が少なく、その原因は卵が病気に効くと信じられ大量に獲られたり、生息地の近くの鉱山開発で湖が汚染されたりしたことによります。

学　　名	*Phoenicoparrus andinus*
学名読み	ポエニコパッルス アンディヌス
学名の意味	紅色の不吉を知らせる鳥＋アンデス山脈の
英　　名	Andean Flamingo
英名読み	アンディアン・フラミンゴ
英名の意味	アンデス山脈の＋フラミンゴ
漢字表記	アンデス紅鶴
分　　類	フラミンゴ科フラミンゴ属
全　　長	102～110cm
主な分布	アンデス山脈（ペルー、ボリビア、チリ、アルゼンチン）
撮影場所	ボリビア　ラグナ・コロラダ
撮 影 者	Christian Kapteyn

アンデスフラミンゴ

撮影場所　撮影場所:チリ
撮影者　撮影者:Roland Seitre

クルマサカオウム

世界一美しいといわれるピンク色のオウムです。オウムはインコに比べて単色であまり派手な種は多くないのですが、なかなかどうして本種は華やかないでたちです。英名はオーストラリアの探検家のミッチェル大佐にちなみ、和名は頭の冠羽（かんう）を広げると赤い模様が車輪のように見えるところからつけられました。冠羽はオスにもメスにもあります。オーストラリアの乾燥した森やブッシュに生息していて、主に種やフルーツを食べています。ペットとして人に飼われることもよくあり、人の言葉をよく覚えます。アメリカ・シカゴのブルックフィールド動物園に飼われていたクッキーと名づけられたクルマサカオウムは、83歳まで生きました。インコやオウムは長生きすることが多いのですが、クッキーの記録は今のところ最長寿記録です。

学　　名　*Lophochroa leadbeateri*
学名読み　ロポクロア レアドベアテリ
学名の意味　冠羽の色＋リードビーター氏の＊1
英　　名　Major Mitchell's Cockatoo＊2
英名読み　メジャー・ミッチェルズ・コッカトゥ
英名の意味　大きな＋ミッチェル氏の＋冠羽のある白いオウム＊3
漢字表記　車冠鸚鵡
分　　類　オウム科クルマサカオウム属
全　　長　35cm
主な分布　オーストラリア
撮 影 者　Jean Michel Labat

＊1　ベンジャミン・リードビーターBenjamin Leadbeater(1773-1851)、息子のジョンJohn Leadbeater(1800-1856)と協働した、英国の親子二代の剥製師・標本販売商で鳥研究者
＊2　サー・トーマス・リビングストン・ミッチェルSir Thomas Livingstone Mitchell(1792-1855)、スコットランド生まれのオーストラリア探検家、通称メジャー・ミッチェルとして知られる
＊3　マレー語Kokatuaに由来する

ボタンバト

顔や胸に、ぱっとあざやかな牡丹の花が咲いたようなピンク色があるのでこの名がつきました。英名も同様で、こちらはジャンブーという木の花を連想したそうです。この鳥のあざやかなピンク色を見ると、誰もが花を思い浮かべるのでしょうね。しかし、体に花が咲くのはオスだけでメスは全身が緑色。メスは緑深いジャングルの茂みで、じっと巣に座って卵をあたためるので、全身緑色の方が目立たず都合が良いのでしょう。ハト類はどれも飛ぶ力が強く、本種も広い範囲を飛び回り、食物の果実を探す暮らしをしています。生息地の島々で渡りをすることが知られており、海を超えて800㎞以上も移動します。

学名	*Ptilinopus jambu*
学名読み	プティリノプス ヤムブ
学名の意味	足に羽の生えた＋本種の現地での呼び名
英名	Jambu Fruit Dove
英名読み	ジャンブー・フルーツ・ダブ
英名の意味	ジャンブー*＋果実を食べるハト
漢字表記	牡丹鳩
分類	ハト科ヒメアオバト属
全長	22〜28cm
主な分布	マレー半島、スマトラ島、カリマンタン島
撮影時期	2014年2月
撮影者	Koenig

*テンニン科の木（Pooni-Jamboo：プーニー・ジャンブー）。スマトラでの本種の現地名jambuは、ジャンブーの花を頭に飾るハトを意味する

ベニガシラヒメアオバト

学　　名	*Ptilinopus porphyreus*
学名読み	プティリノプス ポルピレウス
学名の意味	足に羽のはえた＋紫色の
英　　名	Pink-headed Fruit Dove
英名読み	ピンク・ヘッディッド・フルーツ・ダブ
英名の意味	ピンクの頭の＋果実を食べるハト
漢字表記	紅頭姫青鳩
分　　類	ハト科ヒメアオバト属
全　　長	29cm
主な分布	スマトラ島、ジャワ島、バリ島
撮影時期	2014年11月
撮 影 者	Krys Bailey

頭と首がピンク色で、翼や背中が緑色の美しいハトです。胸には白い輪のような線が目立ちます。オスもメスも基本的には同じ色合いですが、オスの方が濃い色をしています。インドネシアの固有種で、スマトラ島、ジャワ島、バリ島の標高1400～2200mほどの山の森の狭い範囲に点在するように分布しています。とても警戒心が強い鳥で、詳しい生態はあまりわかっていません。東南アジアやオセアニアにはフルーツ・ダブとよばれる緑色のハトがたくさんおり、どれも主食が果実なのでそうよばれています。本種も高さ5～6mほどの木の上に巣をつくり、イチジクなどの果実を常食としています。

インコと名付けられていますがオウム類です。本種は学者泣かせの鳥で、インコだったりオウムだったり分類が二転三転。インコの名前だけが残っているというわけです。この濃いピンク色のオウムは、オーストラリアのどこに行っても出会うほどポピュラーな鳥。もともとの生息環境は木がまばらに生えた開けた場所だったため、人間の開発によってできた農耕地や市街地はまさにぴったりのすみか。モモイロインコにとってこの上ない生息地となり、各地で数が増えました。また、あちこちにできた牧場の水飲み場も個体数増加の追い風となりました。群れで行動することがほとんどで、ときには数百羽にもなります。食べものは穀類で、農作物を荒らす困った鳥でもあります。

学名	*Eolophus roseicapilla*
学名読み	エオロプス ロセイカピッラ
学名の意味	暁色の冠羽＋薔薇色の頭髪の
英名	Galah
英名読み	ガラー
英名の意味	先住民族のモモイロインコの呼び名＊
漢字表記	桃色鸚哥
分類	オウム科モモイロインコ属
全長	35～36cm
主な分布	オーストラリア
撮影者	Suzanne Long

＊ ニューサウスウェールズ州に住んでいたアボリジニ、カミラロイ族の民族言語(カミラロイ語)の方言Yuwaalaraayによるこの鳥の名前

モモイロインコ

モモイロペリカン

学名	*Pelecanus onocrotalus*
学名読み	ペレカヌス オノクロタルス
学名の意味	ペリカン＋ペリカン
英名	Great White Pelican
英名読み	グレート・ホワイト・ペリカン
英名の意味	大きな＋白い＋ペリカン
漢字表記	桃色伽藍鳥
分類	ペリカン科ペリカン属
全長	175cm
主な分布	東ヨーロッパ、アフリカ、インド、中央アジア
撮影場所	ナミビア　ウォルビスベイ
撮影者	Jeffrey Van Daele

翼を広げると3.6メートルにもなる巨大な鳥です。ペリカンといえば大きなくちばしがトレードマーク。その長さは45cmもあり、喉の袋には水が14リットルも入ります。この網のようなくちばしで魚をガバッとすくって捕らえます。また、群れの鳥たちが協力して魚を追い込んで捕らえる、なかなか賢い行動をすることも知られています。

大きな白いペリカンという英名がつけられていますが、なぜ和名は桃色なのでしょうか。答えは繁殖期になると羽毛が桃色になるから。英名は普段の様子を表現し、和名は繁殖期の様子を表現したのですね。和洋で着眼点の違いがあるのはとてもおもしろいと思います。

撮影場所　ケニア　グレート・リフト・ヴァレー、ナイバシャ湖
撮影者　Alan Novelli

モモイロペリカン

blue

ルリノジコ

春になると子育てのために北アメリカ東部や中央部に渡ってくる夏鳥です。本種のオスは、くちばしと足以外全てが青い、まさに真の“青い鳥”。いっぽうメスは褐色で青い鳥ではありません。低い木がまばらに生える森や農耕地、道路や鉄道の際のやぶなど、生息環境の好みはあまりうるさくなく、出会うのはそれほど難しくありません。本種は姿が美しいだけでなく、さえずりも美しく、木のてっぺんにとまって涼しげな声で歌います。英名のインディゴとはジーンズなどを染める藍色の染料のこと。本種の青はまさにインディゴブルーを連想させます。冬はメキシコやカリブ海の暖かい場所に移動して過ごします。

学名　*Passerina cyanea*
学名読み　パッセリナ キアネア
学名の意味　スズメに似た+(暗)青色の
英名　Indigo Bunting
英名読み　インディゴ・バンティング
英名の意味　藍色の＊＋ホオジロ
漢字表記　瑠璃野路子
分類　ショウジョウコウカンチョウ科ルリノジコ属
全長　14cm
主な分布　北アメリカ、中央アメリカ
撮影場所　アメリカ合衆国　ミズーリ州　コロンビア
撮影者　Gay Bumgarner

＊ インディゴは、ギリシア語(indikon)に由来し、インドの染料が原義

コシアオクロルリノジコ

アマゾンの熱帯雨林の南に広がる乾燥した灌木林に生息する小鳥です。また、なぜかベネズエラとコロンビアのごく一部の地域にぽつんと離れた生息地があり、5つの亜種が知られています。オスは、全身が見事なメタリックブルーで、英名ではウルトラマリン（群青色）と表現しています。メスは、オスとは似ても似つかない赤みがかった茶色の地味な鳥です。主な食べものは草の種で、太いくちばしでかたい種を割って中身を食べます。繁殖期のオスは、とても涼しげな美しい声でさえずります。学名の種小名は、フランスの博物学者の名前です。本種にはコシアカクロルリノジコという別名がありますが、メスの腰が類似種よりも赤みがあることに由来していると考えられます。

学　　名　*Cyanocompsa brissonii*
学名読み　キアノコンプサ ブリッソニイ
学名の意味　青い優雅な＋ブリッソン氏の＊
英　　名　Ultramarine grosbeak
英名読み　ウルトラマリン・グロスビーク
英名の意味　群青色＋大きな円錐形のくちばしの鳥
漢字表記　腰青黒瑠璃野路子
分　　類　ショウジョウコウカンチョウ科クロルリノジコ属
全　　長　15cm
主な分布　コロンビアからブラジル、北アルゼンチン
撮影場所　ブラジル
撮 影 者　Luiz Claudio Marigo

＊ マチュラン・ジャック・ブリッソンMathurin Jacques Brisson(1723-1806)、フランスの鳥類学者・博物学者、1760年に全6巻の科学的な研究書でありながら美しいカラーの銅版図が添えられた『鳥類学』(Ornithologia)を出版した

ルリイカル

スズメほどの大きさの青い鳥です。オスは、全身が濃い青色で翼に2本の赤茶色の線があります。メスは全身が褐色で、やはり翼には2本の赤茶色の線があります。ぜひ注目してもらいたいのがくちばしです。銀色に輝いていて意外とかっこいいと思いませんか？ 春になると、北アメリカの南部や中央部に渡ってきて子育てをし、冬は中央アメリカやキューバなどのカリブ海の暖かい場所に移動して過ごします。低木が茂る開けた場所が生息環境で、ブドウ畑などにも巣をつくります。近年では森林が伐採され本種が好むような環境が増えたため、個体数が増して、分布域が北上していることが知られています。

学名	*Passerina caerulea*
学名読み	パッセリナ カエルレア
学名の意味	スズメに似た＋青色の
英名	Blue Grosbeak
英名読み	ブルー・グロスビーク
英名の意味	青い＋大きな円錐形のくちばしの鳥
漢字表記	瑠璃鵤
分類	ショウジョウコウカンチョウ科ルリノジコ属
全長	15～19cm
主な分布	北アメリカ、中央アメリカ、キューバ、ハイチ
撮影場所	アメリカ合衆国
撮影時期	1989年2月
撮影者	Gay Bumgarner

ムラサキオーストラリアムシクイ

こんなに美しい鳥がいるなんて！と、思わず声をあげてしまいそうなほど青く美しい鳥です。しかも小さくてかわいらしい。英名の「華麗な妖精」という表現がぴったりですね。ぜひこの目で見てみたいと思いますが、この鳥に出会うにはオーストアリアの中央部から西部に広がる半砂漠のような乾燥したところに行かなければなりません。さらに時期も大切です。オスがきれいな青色になるのは、繁殖期の9月から1月のあいだだけ。その他の時期は、羽がはえ替わりメスと同じ褐色になってしまいます。とても活発な鳥で、やぶのなかをせわしなく動きまわり、じっとしていることはあまりありません。

学名	*Malurus splendens*
学名読み	マルルス スプレンデンス
学名の意味	柔らかい尾＋光沢のある
英名	Splendid Fairywren
英名読み	スプレンディド・フェアリーレン
英名の意味	華麗な＋妖精＋ミソサザイ（小さな鳴鳥）
漢字表記	紫豪州虫食
分類	オーストラリアムシクイ科オーストラリアムシクイ属
全長	11.5〜13.5cm
主な分布	オーストラリア中央部
撮影場所	オーストラリア
撮影者	Karl Seddon

ルリオーストラリアムシクイ

長い尾羽をピッピッとたてながら、せわしなく動き回るとても活発なかわいい小鳥です。本種も、他種のオーストラリアムシクイと同様で、オスが青いきれいな羽色になるのは繁殖期だけ。そのほかの時期はメスに似た褐色の地味な姿になります。若いオスはメスと同じ褐色ですが、尾羽がうっすらと青いのでわかります。多くの場合、1羽のきれいなオスと、複数の若いオスやメスの小集団で行動しています。ユーカリの森や開けた場所のやぶなど、幅広い環境でみられる鳥です。シドニーやメルボルンのような大都会の公園でも、普通に見ることができるので、オーストラリアに行ったらぜひ会いたい鳥ですね。もちろん美しい青い鳥になる繁殖期の6月から2月までの期間がお勧めです。

学　　名	*Malurus cyaneus*
学名読み	マルルス キアネウス
学名の意味	柔らかい尾＋青色の
英　　名	Superb Fairywren
英名読み	スパーブ・フェアリーレン
英名の意味	すばらしい＋妖精＋ミソサザイ(小さな鳴鳥)
漢字表記	瑠璃豪州虫食
分　　類	オーストラリアムシクイ科オーストラリアムシクイ属
全　　長	15〜20cm
主な分布	オーストラリア南東部、タスマニア島
撮影場所	オーストラリア
撮 影 者	Graeme Guy

ハジロオーストラリアムシクイ

東部と北部の沿岸をのぞくオーストラリアに広く分布する小鳥で、乾燥した林ややぶがすみかです。繁殖期のオスは全身が見事なコバルトブルーで、翼だけが白色をしています。ところが西オーストラリアのバロー諸島には、全身が真っ黒で翼だけが白い亜種がいます。繁殖期以外はオスもメスも淡褐色の地味な鳥です。オーストラリアムシクイ類は、ニューギニアとオーストラリアに29種います。日本にもいる「ムシクイ」という名前がつけられていますが、行動が似ているだけで類縁関係はありません。また、英名は「wren＝ミソサザイ」とこれまた日本にもいる鳥の名前がつけられていますが、こちらも動作が似ているだけで類縁関係はありません。オーストラリアで独自の進化をした鳥たちのグループなのです。

学名	*Malurus leucopterus*
学名読み	マルルス レウコプテルス
学名の意味	柔らかい尾＋白い翼
英名	White-winged Fairywren
英名読み	ホワイト・ウイングド・フェアリーレン
英名の意味	白い翼の＋妖精＋ミソサザイ（小さな鳴鳥）
漢字表記	羽白豪州虫食
分類	オーストラリアムシクイ科オーストラリアムシクイ属
全長	11〜13.5cm
主な分布	オーストラリア
撮影場所	オーストラリア
撮影者	Rob Drummond

カラミツドリ

学　　名	*Xenodacnis parina*
学名読み	クセノダクニス パリナ
学名の意味	変わったヒワミツドリ＋シジュウカラに似た
英　　名	Tit-like Dacnis
英名読み	ティット・ライク・ダクニス
英名の意味	カラ類のような＋ヒワミツドリ
漢字表記	雀蜜鳥
分　　類	フウキンチョウ科カラミツドリ属
全　　長	11cm
主な分布	ペルー、エクアドル
撮影場所	ペルー
撮 影 者	Glenn Bartley

オスは全身がコバルトブルーで、メスは全身が明るい褐色の額だけが青い鳥です。フウキンチョウ科のなかでもっとも特異な種の一つです。名前のカラとは、シジュウカラやヤマガラなどのカラ類とよばれる小鳥のこと。近縁のヒワミツドリ類は、くちばしがもう少し長いのが一般的ですが、本種はまるでカラ類のように短く小さいため、この名前がつきました。学名も英名も由来は同様です。この小さなくちばしで昆虫や花の蜜を吸います。分布がとても局地的で、エクアドルでは標高3700～4000m、ペルーでは標高3200～4600mのアンデス山脈の森林限界より上の高山にいます。したがって、姿を見るのはとても難しい珍しい鳥です。

ヒワミツドリ

中央アメリカのニカラグアから南アメリカのアルゼンチン北部まで、とても広い範囲に分布するフウキンチョウ類です。8つの亜種がいて、オスの青い羽色（うしょく）の濃さに変化があります。メスは全体的に黄緑色で頭が青いきれいな鳥です。ミツドリ類は花の蜜が主食で長いくちばしをしているのが特徴ですが、ヒワミツドリ類はくちばしが短く、一番多く食べているのが昆虫と、ミツドリのなかでは異端です。平地の熱帯雨林からやや乾いた森など、生息環境は幅広く、サンパウロなどの都会の公園で本種を見ることができます。学名の*cayana*はカイエンヌ地方という地域の名前ですが、実際にある地名ではなく、アマゾンにいる産地がはっきりしない種に使われます。

学名	*Dacnis cayana*
学名読み	ダクニス カイアナ
学名の意味	エジプト由来の不明鳥＋カイエンヌ産の
英名	Blue Dacnis
英名読み	ブルー・ダクニス
英名の意味	青い＋ヒワミツドリ
漢字表記	鶸蜜鳥
分類	フウキンチョウ科ヒワミツドリ属
全長	11〜12cm
主な分布	中央アメリカ〜南アメリカ
撮影場所	ブラジル
撮影者	Roger Tidman

カオグロヒワミツドリ

学　　名	*Dacnis lineata*
学名読み	ダクニス リネアータ
学名の意味	エジプト由来の不明鳥＋条斑のある
英　　名	Black-faced Dacnis
英名読み	ブラック・フェイスド・ダクニス
英名の意味	黒い顔の＋ヒワミツドリ
漢字表記	顔黒鶸蜜鳥
分　　類	フウキンチョウ科ヒワミツドリ属
全　　長	11cm
主な分布	南アメリカ北部
撮 影 者	John S. Dunning

アマゾン川流域の熱帯雨林にすむメジロほどの小さな鳥です。青と黒の色彩パターンはヒワミツドリと似ていますが、とてもよく目立つ黄色い目の色が違います。メスは地味な褐色の鳥です。主な食べものは木の実や昆虫です。ミツドリという割には、花の蜜を採食することは少ないようです。木の上の高いところにいることが多く、他種のフウキンチョウやアメリカムシクイなどと混成の群れをつくり、一緒に行動しています。学名のDacnisは、ギリシャ神話に書かれているエジプトに生息するという得体の知れない不明の鳥の名前です。

アイイロハナサシミツドリ

オスもメスもまさに藍色（インディゴブルー）の美しい鳥。スズメよりもはるかに小さく、日本のメジロくらいの大きさです。コロンビアからエクアドルにかけてのアンデス山脈太平洋側斜面のごく狭い範囲にしか生息が確認されていません。ハナサシミツドリ類は、上嘴の先端がかぎ状に曲がっているのが特徴です。このくちばしで花が動かないように固定し、先がとがった下嘴で花の横から穴をあけ、舌を入れて蜜をなめとります。舌は蜜が吸いやすいように二股に分かれていて、これが属名の二枚の舌の由来となっています。決して嘘つきなわけではありません。生息環境はアンデス山脈の標高700m～2200mにかけて広がる雲霧林です。

学名	*Diglossa indigotica*
学名読み	ディグロッサ インディゴティカ
学名の意味	二枚の舌＋藍色の
英名	Indigo Flowerpiercer
英名読み	インディゴ・フラワーピアサー
英名の意味	藍色＋花に穴をあけるもの
漢字表記	藍色花刺蜜鳥
分類	フウキンチョウ科ハナサシミツドリ属
全長	11cm
主な分布	コロンビア、エクアドル
撮影場所	コロンビア
撮影者	Murray Cooper

カオグロハナサシミツドリ

学　　名	*Diglossa cyanea*
学名読み	ディグロッサ キアネア
学名の意味	二枚の舌＋暗青色
英　　名	Masked Flowerpiercer
英名読み	マスクト・フラワーピアサー
英名の意味	マスクをした＋花に穴をあけるもの
漢字表記	顔黒花刺蜜鳥
分　　類	フウキンチョウ科ハナサシミツドリ属
全　　長	15cm
主な分布	ベネズエラ～ボリビア
撮影場所	エクアドル
撮 影 者	Glenn Bartley

ベネズエラからボリビアにかけてのアンデス山脈の雲霧林（うんむりん）にすむ鳥です。アイイロハナサシミツドリに似ていますが、本種は顔が黒く赤い目が目立ちます。大きさもスズメほどでハナサシミツドリ類では大型種です。標高1800～3300mにかけて広がる霧に育まれた湿った森には鳥が多く、本種は、ハナサシミツドリやフウキンチョウ類、アメリカムシクイなどと一緒の群れをよくつくります。また、同種のみで30羽以上の大きな群れをつくることもあります。ハナサシミツドリは、花に穴をあけて蜜をなめとるので、花粉が鳥について運ばれることはありません。花にとっては蜜が盗まれるだけの迷惑な存在なのです。

アオミツドリ

オスは青と黒、メスは緑色の小鳥です。オスは、目の周りが黒いのでなんだか怖い顔に見えますが、黄色い足がかわいいのでお許しください。写真では、ムクドリくらいありそうな風格ですが、実は10cmしかない小さな鳥です。平地から標高1200mほどの開けた林に生息する鳥で、ロッジのえさ台にもやってきて、バードウォッチャーの目を楽しませてくれます。長く下向きに湾曲したくちばしがルリミツドリ類の大きな特徴。花の蜜が吸いやすそうに思えますが、意外にも一番多く食べているのは果実だそうです。

学名	*Cyanerpes lucidus*
学名読み	キアネルペス ルキドゥス
学名の意味	青色の(木に這い上る鳥)＋輝くような
英名	Shining Honeycreeper
英名読み	シャイニング・ハニークリーパー
英名の意味	光輝く＋ミツドリ(蜜＋這い上がる鳥)
漢字表記	青蜜鳥
分類	フウキンチョウ科ルリミツドリ属
全長	10cm
主な分布	メキシコ南部～コロンビア北部
撮影場所	コスタリカ
撮影者	Glenn Bartley

ルリミツドリ

学名	*Cyanerpes cyaneus*
学名読み	キアネルペス キアネウス
学名の意味	青色の(木に這い上る鳥)+青色(シーブルー)
英名	Red-legged Honeycreeper
英名読み	レッド・レッグド・ハニークリーパー
英名の意味	赤い足の+ミツドリ(蜜+這い上がる鳥)
漢字表記	瑠璃蜜鳥
分類	フウキンチョウ科ルリミツドリ属
全長	11〜13cm
主な分布	メキシコ〜ボリビア、ブラジル
撮影場所	ブラジル　バイーア州　サンタ・クルース・カブラーリア
撮影者	Luiz Claudio Marig

アオミツドリに似ていますが、こちらは赤い足がチャームポイント。中央アメリカからブラジルの広大な分布域をもっているために、亜種が11種もあります。オスは見事な青と黒の鳥で、黒い翼の裏側にはあざやかなレモンイエローの羽があり、飛んだときにだけ見えます。じつはオスがこんなにきれいなのは、繁殖期の2月から6月の5カ月間だけ。その他の季節はメスと同じ緑色の鳥です。熱帯雨林から乾燥した林まで、生息環境の好みはあまりないみたいで、都市の公園でも姿を見せます。多くの場合、10羽くらいの群れでいますが、ときには100羽にもなる大集団をつくることあります。また、他種のフウキンチョウと一緒にいることも珍しくありません。

ムラサキミツドリ

主にアマゾン川流域に分布する鳥。平地から標高1400mまでの熱帯雨林が主な生息環境です。アオミツドリと酷似していて見分けるのは困難です。紫と名前がついていますが、それほど紫色という印象はなく、ややくちばしが長いくらいしか識別点がありません。しかし、ご安心を。両種の生息地は重ならないので、生息地でどちらか判断できます。ミツドリ類は、かつては独立したミツドリ科に分類されていましたが、最新の研究ではホオジロに近いフウキンチョウ科とされています。ルリミツドリ属の鳥の下向きに湾曲したくちばしは、蜜を吸うよりも木の皮の下に潜む昆虫などを引っ張り出すときなどに役に立ちます。

学名	*Cyanerpes caeruleus*
学名読み	キアネルペス カエルレウス
学名の意味	青色の(木に這い上る鳥)＋暗青色
英名	Purple Honeycreeper
英名読み	パープル・ハニークリーパー
英名の意味	紫＋ミツドリ(蜜＋這い上がる鳥)
漢字表記	紫蜜鳥
分類	フウキンチョウ科ルリミツドリ属
全長	10cm
主な分布	南アメリカ北部
撮影場所	トリニダード・トバゴ
撮影時期	11月
撮影者	Kevin Elsby

ムラサキツグミ

世界にはたくさんの青い鳥がいますが、色の濃さではおそらく一二を争う種です。ただの青ではなく、紫がかった深みのある青で、別名シコンツグミ（紫紺鶫）ともよばれます。ツグミ類ですが、他に類縁関係のある種がおらず、1属1種の鳥です。青くなるのはオスだけ、メスは灰褐色の地味な鳥です。この鳥に出会うためには高山病を覚悟しなくてはなりません。生息地が、森林限界をこえた標高4000mから5500mの高山だからです。群れをつくる習性があり、多いときには何十羽が一緒にいたりします。高山植物が咲き乱れるお花畑のなかで、こんな青い鳥が何十羽も群れている夢のような光景を一度は見てみたいと思いませんか。

学名　*Grandala coelicolor*
学名読み　グランダラ コエリコロル
学名の意味　大きな翼の鳥＋空色の
英名　Grandala
英名読み　グランダラ
英名の意味　学名から(大きな翼の鳥)
漢字表記　紫鶫
分類　ツグミ科ムラサキツグミ属
全長　19〜23cm
主な分布　ヒマラヤ〜中国西部
撮影場所　インド　アルナーチャル・プラデーシュ州　セラ・パス
撮影時期　1月
撮影者　Neil Bowman

ムジルリツグミ

なんとも優しい青色の鳥です。熱帯のキラキラした青い鳥もきれいですが、本種の清涼感のある淡い青もすてきですね。いわゆるアメリカで「ブルーバード」とよばれる鳥の一つで、とても人気があります。アイダホ州とネバダ州の州鳥でもあります。北アメリカ西部のロッキー山脈の周辺に生息し、夏はアラスカ州からネバダ州あたりまでの間で繁殖、冬はカリフォルニア州やメキシコに移動して越冬します。うっそうとした森ではなく、牧場のような開けた場所を好みます。和名の"無地"は斑点などの模様がないという意味で、オスの青い体にはまったく模様がありません。メスは地味な灰褐色の鳥で、尾羽や翼、腰に少し青みがあります。

学名	*Sialia currucoides*
学名読み	シアリア クルルコイデス
学名の意味	sialisという鳴き声に由来する小鳥＋コノドジロムシクイに似た
英名	Mountain Bluebird
英名読み	マウンテン・ブルーバード
英名の意味	山の＋青い鳥
漢字表記	無地瑠璃鶫
分類	ツグミ科ルリツグミ属
全長	16.5〜20cm
主な分布	北アメリカ西部
撮影者	Anthony Mercieca

ルリツグミ

本種もアメリカで「ブルーバード」とよばれる1種。オスは、青色の上面とオレンジ色の下面との対比がとても美しい鳥です。ロッキー山脈より東側の地域とメキシコからホンジュラスまでの大きく2つの地域に分布していて、8つの亜種があります。大部分の地域で一年中見られますが、北の分布域では冬にはいなくなります。平地の開けた森が生息環境で、公園や家の庭、ゴルフ場などの身近な場所でも普通にみられます。写真は、キツツキの古巣を利用した巣穴にえさを運んでいるオスです。本種は一時期個体数が激減しましたが、巣箱をたくさん設置したことが功を奏し、いまでは数が回復しています。

学名	*Sialia sialis*
学名読み	シアリア シアリス
学名の意味	Sialisという鳴き声に由来する小鳥
英名	Eastern Bluebird
英名読み	イースタン・ブルーバード
英名の意味	東の＋青い鳥
漢字表記	瑠璃鶫
分類	ツグミ科ルリツグミ属
全長	16.5〜21cm
主な分布	北アメリカ東部、メキシコ〜ニカラグア
撮影場所	アメリカ合衆国　フロリダ州
撮影者	Barry Mansell

イソヒヨドリ

鳥に詳しい人ならば、日本のイソヒヨドリとは色が違うなと思うはず。それもそのはずで、写真の鳥はスペインで撮影された違う亜種です。イソヒヨドリには5つの亜種が知られていて、日本の亜種のオスは腹がオレンジ色ですが、ヨーロッパにいる亜種は全身が青い鳥です。また、日本では海岸の磯にいることが普通なのでイソヒヨドリという名前ですが、海外では岩場にいる鳥なので、ロック・スラッシュ（岩ツグミ）とよばれています。それぞれの生息環境が名前に反映しているのはなかなかおもしろいです。また、ヒヨドリとはまったく類縁関係がなく、ヒタキ類です。最近は日本でも海から離れた都市のビルにすみはじめており、研究者から動向が注目されています。

学名	*Monticola solitarius*
学名読み	モンティコラ ソリタリウス
学名の意味	山にすむ＋孤独の
英名	Blue Rock Thrush
英名読み	ブルー・ロック・スラッシュ
英名の意味	青い＋岩＋ツグミ
漢字表記	磯鵯
分類	ヒタキ科イソヒヨドリ属
全長	20～23cm
主な分布	ヨーロッパ、アフリカ、アジア
撮影場所	スペイン　カディス
撮影者	Karl Seddon

ルリオオサンショウクイ

日本では派手な鳥としてのイメージがないサンショウクイ。ところが、海外では赤やら青やらけっこう派手な鳥たちなのです。この濃い青色はオス。メスは空色のなかなかきれいな鳥です。どちらも目が赤いのですが、この写真だとよくわかりませんね。西アフリカのシエラレオネやガーナ、中央アフリカのカメルーンやコンゴ共和国などの地域に点々と分布しています。平地の森や成熟した二次林などが生息環境で、毛虫やバッタ、コガネムシなどの昆虫を食べます。他種と一緒によく行動しています。シエラレオネでは切手のデザインに採用されています。

学名 *Coracina azurea*
学名読み コラキナ アズレア
学名の意味 カラスに似た＋空色の
英名 Blue Cuckooshrike
英名読み ブルー・クックーシュライク
英名の意味 青い＋サンショウクイ（カッコウのようなモズ）
漢字表記 瑠璃大山椒食
分類 サンショウクイ科オオサンショウクイ属
全長 21cm
主な分布 西アフリカ、中央アフリカ
撮影場所 ガーナ カクム国立公園
撮影時期 2月
撮影者 Neil Bowman

オオアオヒタキ

ヒマラヤからスマトラにかけての熱帯、亜熱帯の森にすむ鳥です。標高900〜2745mの山の高いところにほぼ一年中暮らしています。アオヒタキのなかで一番大きな種で、日本のムクドリくらいの大きさです。オスは全身がとても濃いメタリックブルーで、顔は漆黒です。メスは褐色ですが、首にはキラッと光る青い線があります。暗い森が好きで、やぶのなかをすばやく動き回ります。あまり高い枝にはとまらずに、低い枝にとまって地上付近にいる昆虫を主に狙いますが、ときには小さなヘビも獲物にすることがあります。果実も大好物です。

学名	*Niltava grandis*
学名読み	ニルタワ グランディス
学名の意味	コチャバラオオルリ*＋大きな
英名	Large Niltava
英名読み	ラージ・ニルタバ
英名の意味	大きな＋コチャバラオオルリ
漢字表記	大青鶲
分類	ヒタキ科アオヒタキ属
全長	20〜23cm
主な分布	東南アジア
撮影場所	中国　雲南省
撮影者	Martin Willis

＊ Niltavaは、ネパールでの現地名Niltauに由来する

クロエリヒタキ

黒い首輪模様が名前の由来になった小鳥です。オスは淡く優しい青色の鳥で、メスは頭だけが青く翼が褐色です。サンコウチョウと同じカササギヒタキ科の鳥ですが、尾羽は長くありません。しかし、サンコウチョウの巣に似た、枝にコケや木の皮を編んだコップ状の巣をつくるので、やっぱり同じなかまなのだなと納得します。インドから東南アジア、フィリピン、台湾までとても広く分布し、23もの亜種があります。写真の鳥はボルネオ産の亜種で頭のてっぺんに小さな帽子のような黒い模様があります。お隣の台湾にも亜種がおり、日本のバードウォッチャーにとても人気があります。2008年に一度だけ日本の与那国島で見つかっています。

学名	*Hypothymis azurea*
学名読み	ヒポティミス アズレア
学名の意味	フジイロヒタキ＊＋空色の
英名	Black-naped Monarch
英名読み	ブラック・ネイプト・モナーク
英名の意味	黒い襟の＋君主
漢字表記	黒襟鶲
分類	カササギヒタキ科フジイロヒタキ属
全長	15〜17cm
主な分布	インド、東南アジア、台湾
撮影場所	マレーシア　ボルネオ　ビントゥル
撮影者	Chien Lee

＊ アリストファネスが述べた不明の鳥との説もある

インドアイイロヒタキ

インド南西部のニルギリ高原のごく狭い範囲にだけ分布する珍しい鳥で、英名はそれに由来します。大きさはスズメほど。オスは、くちばしと目の周りが少し黒いだけの全身が青い鳥で、メスは濃い灰色をしています。種小名の*albicaudatus*は白い尾羽という意味ですが、写真をいくら見ても尾羽に白い色は見えません。実は一番外側の尾羽の元だけが白くなっていて、飛んだときでないと見えないのです。英名のフライキャッチャーの名の通り、枝にとまり、近くを虫が通るとパッと飛びついて捕らえ、また同じ枝に戻る習性があります。

学名	*Eumyias albicaudatus*
学名読み	エウミアス アルビカウダトゥス
学名の意味	美しいヒタキ*＋白い尾羽のある
英名	Nilgiri Flycatcher
英名読み	ニルギリ・フライキャッチャー
英名の意味	ニルギリ高原の＋ヒタキ
漢字表記	印度藍色鶲
分類	ヒタキ科アイイロヒタキ属
全長	15cm
主な分布	インド南西部
撮影場所	インド　タミル・ナードゥ州　ニルギリ高原　ウダカマンダラム
撮影時期	2月
撮影者	John Holmes

＊ *Eumyias*は、ギリシア語で「見事な飛ぶ様」「ハエ」を意味するとの説もある

ロクショウヒタキ

学名	*Eumyias thalassinus*
学名読み	エウミアス タラッシヌス
学名の意味	美しいヒタキ*＋海のような色の
英名	Verditer Flycatcher
英名読み	ベルディテ・フライキャッチャー
英名の意味	青緑色の＋ヒタキ
漢字表記	緑青鶲
分類	ヒタキ科アイイロヒタキ属
全長	15～17cm
主な分布	インド、ヒマラヤ、東南アジア
撮影場所	中国　雲南省　騰衝市
撮影者	John Holmes

銅の青緑色の錆を“ろくしょう”といいますが、本種はまさにそんな色。じつにうまい名前をつけたものだと感心します。英名も同様に、炭酸銅からできる青緑色の顔料の名前がつけられています。きれいな鳥はだいたいメスが地味なのですが、本種はオスもメスも同じ美しい緑青色をしていて、うれしい限りです。枝にとまった姿勢も特徴的で、起き上がった感じです。タイなどの東南アジアでは一年中見られる鳥ですが、ヒマラヤでは夏だけ、インドでは冬だけ見られます。日本でも数回、迷って飛来した個体が観察されています。

オリイヒタキ

ヒマラヤや中国西部の標高2400〜4300mもの高い山にすむ鳥です。オスは濃い青色でお腹は白、尾羽の基部はオレンジ色になっていて目立ちます。メスは全身が黒褐色の地味な鳥です。尾羽が長く、さかんにぴっぴっと立てる動作を繰り返し、コマドリのような印象がありますが、尾羽と体のバランスがなんだか変な鳥にみえます。英名も学名もジョウビタキに近いとしていますが類縁関係は近くありません。最新の研究ではヨーロッパにすむサヨナキドリ(ナイチンゲール)に近い種であるとされています。しかし、これにはまだ異論もあるようです。和名のオリイとはこの鳥を採集した折居彪二郎の名前にちなみます。折居彪二郎は昭和初期に活躍した鳥類採集家で多くの生物に名前が残されています。

学名	*Luscinia phaenicuroides*
学名読み	ルスキニア パエニクロイデス
学名の意味	サヨナキドリ＋ジョウビタキに似た
英名	White-bellied Redstart
英名読み	ホワイト・ベリード・レッドスタート
英名の意味	白いお腹の＋ジョウビタキ
漢字表記	折居鶲
分類	ヒタキ科サヨナキドリ属
全長	18〜19cm
主な分布	ヒマラヤ〜中国
撮影場所	タイ　チェンマイ　ドイファーホムポック国立公園
撮影者	Oscar Dominguez

ルリビタイジョウビタキ

学　　名	*Phoenicurus frontalis*
学名読み	ポエニクルス フロンタリス
学名の意味	赤い尾羽の鳥＋額に特徴のある
英　　名	Blue-fronted Redstart
英名読み	ブルー・フロンテッド・レッドスタート
英名の意味	青い額の＋ジョウビタキ
漢字表記	瑠璃額常鶲
分　　類	ヒタキ科ジョウビタキ属
全　　長	15〜16cm
主な分布	ヒマラヤ〜中国
撮影場所	中国　雲南省　騰衝市
撮 影 者	Dong Lei

日本に冬鳥として渡来するジョウビタキと親戚の鳥。オスは、頭から背中にかけて暗い青色で、お腹と腰が赤みかがったオレンジ色の美しい鳥です。額にはうっすらと瑠璃色が差していて、名前の由来となっています。メスは日本のジョウビタキによく似た、明るい褐色の姿です。高山の鳥で、標高3000〜5200mの森林限界を超えた草原にすんでいます。地上によく降り、昆虫や果実、草の種などを食べています。日本でも非公式ながら観察された記録があります。

ルリミツユビカワセミ

日本のカワセミと形態が似ていますが羽色は異なり、濃い青色がなんとも美しい鳥です。お腹はオレンジ色。目の後ろの白い羽毛がとても目立ちます。メスも同じ色彩です。6つの亜種が知られ、色彩が少しずつ異なります。森の中の川や湖、河口部のマングローブ林などが主な生息環境です。標高1500mの山地の川にもいた記録があります。オーストラリアでは公園の池で見ることがあります。ダイビングして魚を捕らえる行動などは、日本のカワセミとほとんど変わりません。学者によってはカワセミ属にする場合もあります。

学名	*Ceyx azureus*
学名読み	ケイクス アズレウス
学名の意味	カワセミに姿をかえらえた王様の名前*＋空色の
英名	Azure Kingfisher
英名読み	アジュア・キングフィッシャー
英名の意味	空色の＋カワセミ
漢字表記	瑠璃三指翡翠
分類	カワセミ科ミツユビカワセミ属
全長	17〜19cm
主な分布	モルッカ諸島、ニューギニア、オーストラリア北部から東部、タスマニア島
撮影場所	オーストラリア　カカドゥ国立公園
撮影時期	9月
撮影者	Martin B Withers

＊ギリシャ神話でトラキス王ケーユクス。幸福な家庭を神々にねたまれ、死後に妻のアルキュオネー（ハルキュオネー：次ページの属名）とともにカワセミに変えられた伝説に由来する

ルリハシグロカワセミ

学名	*Alcedo quadribrachys*
学名読み	アルケド クアドリブラキス
学名の意味	カワセミ＋4つの指
英名	Shining-blue Kingfisher
英名読み	シャイニング・ブルー・キングフィッシャー
英名の意味	輝く青色の＋カワセミ
漢字表記	瑠璃嘴黒翡翠
分類	カワセミ科カワセミ属
全長	16cm
主な分布	シエラレオネ～ウガンダ、ナイジェリア～アンゴラ
撮影場所	ウガンダ　ビゴディ湿地帯自然保護区
撮影者	Bernd Rohrschneider

日本のカワセミにとても近い種です。体の上面は青、下面はオレンジの色彩パターンはカワセミとほとんどかわりませんが、藍色に近い濃い青色が異なり、印象的です。くちばしが真っ黒なのが名前の由来の1つです。もし、日本に本種がいたら、日本で人気のカワセミの立場も危うくなるでしょう。しかし、本種に会いたければアフリカまで出かけなければなりません。枝にとまって水中の魚をダイビングして捕らえ、ときには空中をホバリングして狙いを定め、水中に飛び込むことなどの行動は他のカワセミ類と同様です。

シロガシラショウビン

インドネシアやニューギニア北西部の島々に分布する大型カワセミ類の一種です。英名のビーチ・キングフィシャーの名前の通り、海岸や干潟、マングローブが茂る川沿いなどに生息し、カニや魚、昆虫、トカゲが主な獲物です。なかでもカニが一番の好物です。雌雄同色で、翼や背中、尾羽が美しいマリンブルーが何ともさわやか。和名は頭が白いことにちなみますが、アドラリー島に分布する亜種は頭が青緑色なので、この名前はあまりふさわしくありません。ハマベショウビンなんていう名前はいかが？

学　　名	*Todiramphus saurophagus*
学名読み	トディランプス サウロパグス
学名の意味	マミジロショウビン＊＋トカゲを食べる
英　　名	Beach Kingfisher
英名読み	ビーチ・キングフィッシャー
英名の意味	浜辺の＋カワセミ
漢字表記	白頭翡翠
分　　類	カワセミ科モリショウビン属
全　　長	30cm
主な分布	モルッカ諸島～ニューギニア北西部、ソロモン諸島
撮影場所	ソロモン諸島　マキラ島
撮影時期	4月
撮 影 者	John Holmes

＊*Todiramphus*は、マミジロショウビンのフランス語名に由来し、rhamphosはギリシア語でくちばしを意味する

ルリイロオオハシモズ

学　　名	*Cyanolanius madagascarinus*
学名読み	キアノラニウス マダガスカリヌス
学名の意味	青いモズ＋マダガスカルの
英　　名	Blue Vanga
英名読み	ブルー・バンガ＊
英名の意味	青い＋オオハシモズ
漢字表記	瑠璃色大嘴百舌
分　　類	オオハシモズ科ルリイロオオハシモズ属
全　　長	16～19cm
主な分布	マダガスカル島、コモロ島
撮影場所	マダガスカル
撮　影　者	Matthias Markolf

スズメほどの大きさの、上面が青く、下面が白い鳥です。モズと名前がついていますが、モズとは類縁関係がありません。オオハシモズ類は21種が知られ、大きさ、くちばしの形がバラエティに富んでいます。大昔、マダガスカルに飛来した1種の鳥から、環境に合わせて独自の進化を遂げ、さまざまな形態の鳥たちに適応放散したと考えられています。本種はなかでも一番美しい色をした鳥。また、オオハシモズ科のなかで唯一、マダガスカル島以外のコモロ諸島にも分布している種でもあります。

＊Vangaは、マダガスカル島でのオオハシモズの名

ルリカザリドリ

学名	*Cotinga nattererii*
学名読み	コティンガ ナッテレリイ
学名の意味	カザリドリ*1＋ナッテラー氏の*2
英名	Blue Cotinga
英名読み	ブルー・コティンガ
英名の意味	青い＋カザリドリ
漢字表記	瑠璃飾鳥
分類	カザリドリ科カザリドリ属
全長	18〜20cm
主な分布	パナマ〜エクアドル、ベネズエラ
撮影場所	パナマ　セロ・アズール
撮影時期	11月
撮影者	Neil Bowman

*1 Cotingaは、ブラジルのトゥピ語でカザリドリを意味する
*2 ヨハン・ナッテラーJohann Natterer(1787-1843)、オーストリアの博物学者で、ブラジル探検で多くの動物標本を収集した

パナマやコロンビアなどのごく限られた地域にしか分布しない美しいカザリドリ類です。オスは目にもあざやかな青色と黒の鳥、メスは茶色のまだら模様で、オスとは似ても似つかない姿をしています。平地のうっそうとした熱帯雨林にすんでいて、単独または10羽ほどの集団で木のてっぺん近くにいることがほとんどです。食べものは果実で、写真の鳥はいま、大きく口を開けて消化できない果実の種子をかたまりにしてはき出すところです。学名には南米の鳥をたくさん採集したオーストリアの探検家ヨハン・ナッテラーさんの名前がつけられています。

ソライロカザリドリ

学　　名　*Cotinga cayana*
学名読み　コティンガ カイアナ
学名の意味　カザリドリ＋カイエンヌ産の＊
英　　名　Spangled Cotinga
英名読み　スパングルド・コティンガ
英名の意味　スパンコールでおおわれた＋カザリドリ
漢字表記　空色飾鳥
分　　類　カザリドリ科カザリドリ属
全　　長　20cm
主な分布　アマゾン川流域
撮 影 者　Pete Oxford

＊仏領ギアナの主都カイエンヌ、もしくは鳥類学が始まった初期の頃にアマゾンからと推定される鳥（標本）をしばしばカイエンヌと呼んだ

空色というよりも、英名のスパンコールという表現がぴったりな鳥です。オスの黒地に輝く青緑色の羽毛が幾重にも重なるように生えている姿は、まさにきらめくスパンコールの舞台衣装のような華やかさです。また、赤紫色の喉も、青い体から浮かび上がるようでとても目立ちます。もし、この鳥に出会うなら、アマゾン川の熱帯雨林に分け入らなければなりません。しかも、高い木のてっぺん近くにいるので、地上からは姿を見ることがとても難しい鳥です。英名のコティンガという変わった名前は、カザリドリの現地での呼び名です。

ブラジル南東部からパラグアイ北東部の森に生息するマイコドリ類です。本種のオスは、5種いるセアオマイコドリ属のなかで、羽色の青い部分がもっとも広く、背中や胸、お腹まで真っ青です。そして、まっ赤な帽子がとてもよく目立ちます。名前のエンビとはツバメの長い尾羽（燕尾）のことですが、ツバメの尾羽とは形が異なり、中央の尾羽が少し長くなっています。本種の売りはなんといってもユニークな求愛ダンスです。水平の枝の踊り場にとまった1羽のメスに対し、整列したオスが順繰りに交代しながら、飛び跳ねるように求愛のダンスを繰り返します。その様子はまるでベルトコンベアーで物が運ばれるかのようです。メスはこの中から気に入ったオスを選び、交尾をします。ぜひ、動画サイトなどでユニークな求愛ダンスをご覧ください。

学名	*Chiroxiphia caudata*
学名読み	キロクシピア カウダタ
学名の意味	翼が剣状の＋尾に特徴のある
英名	Blue Manakin
英名読み	ブルー・マナキン
英名の意味	青＋マイコドリ
漢字表記	燕尾背青舞子鳥
分類	マイコドリ科セアオマイコドリ属
全長	15cm
主な分布	ブラジル、パラグアイ
撮影場所	ブラジル　サンパウロ
撮影時期	2013年11月
撮影者	Octavio Campos Salles

エンビセアオマイコドリ

アカハラヤマフウキンチョウ

ベネズエラからコロンビアまでのアンデス山脈の東斜面、標高2600〜3600mに連なる森にすんでいるヤマフウキンチョウ類です。4つの亜種があり、それぞれ微妙に色が違います。写真はペルーに生息する亜種で、頭から背中にかけて黒に近い濃い青色をしており、目の後ろとお腹があざやかな朱色です。分布域はあまり広くありませんが、普通種で生息地に行けば比較的容易に見られます。他の種類のフウキンチョウが混じった群れをつくったり、ときには同種だけで群れをつくったりして行動することもあります。主な食べものは果実です。

学名	*Anisognathus igniventris*
学名読み	アニソグナツス イグニウェントリス
学名の意味	上下が不揃いのくちばし＋炎色の腹の
英名	Scarlet-bellied Mountain Tanager
英名読み	スカーレット・ベリード・マウンテン・タナジャー
英名の意味	赤いお腹の＋山の＋フウキンチョウ
漢字表記	赤腹山風琴鳥
分類	フウキンチョウ科ヤマフウキンチョウ属
全長	16cm
主な分布	コロンビアからボリビア
撮影場所	ペルー　アンデス山脈
撮影者	Gregory Guida

ナナイロフウキンチョウ

学名	*Tangara chilensis*
学名読み	タンガラ チレンシス
学名の意味	フウキンチョウ＋チリ産の
英名	Paradise Tanager
英名読み	パラダイス・タナジャー
英名の意味	天国＋フウキンチョウ
漢字表記	七色風琴鳥
分類	フウキンチョウ科ナナイロフウキンチョウ属
全長	12〜13cm
主な分布	アマゾン川流域
撮影場所	エクアドル
撮影者	Murray Cooper

数ある美しいフウキンチョウのなかでも一二を争う美麗種です。覆面のような黄緑色の顔、紫色の喉、胸からお腹は目の覚めるような青、漆黒の背中、赤と黄色の腰ととてもカラフル。何の色のカテゴリーに入れて良いのか悩むところですが、胸からお腹にかけての青が目立つので、青い鳥にしました。こんなにきれいな鳥なので、当然ながらバードウォッチャーにはとても人気があります。ただし、この鳥に会うにはアマゾンの熱帯雨林に分け入らなければなりません。ふつうは高い木の上にいて降りてきませんが、食べものである果実が低い位置に実っていればチャンスです。近くで静かに待っていればきっと降りてきてくれるでしょう。学名の種小名がチリ産となっていますが、ボリビア産の間違いだといわれています。

アオクビフウキンチョウ

青い首というよりも青い頭のフウキンチョウで、大きさはスズメよりもずっと小さくメジロくらいの小鳥です。オス、メスともに同じ色をしています。本種の分布は、あちこちに分散していて、大きく分けるとアンデス山脈の山の森にすむ鳥とアマゾンの平地の森にすむ鳥の2つに分けられます。7つの亜種があり、脇腹や尾羽、下尾筒などの色が微妙に異なります。生息環境も雲霧林から二次林、農園と幅広くいろいろなところで見られます。主な食べものは果実で、ある調査では全体の86%を占めていました。他種のフウキンチョウと一緒の群れで行動することもありますが、多くの場合は単独かつがいで行動しているようです。

学名	*Tangara cyanicollis*
学名読み	タンガラ キアニコッリス
学名の意味	フウキンチョウ＋青い首の
英名	Blue-necked Tanager
英名読み	ブルー・ネックド・タナジャー
英名の意味	青い首＋フウキンチョウ
漢字表記	青首風琴鳥
分類	フウキンチョウ科ナナイロフウキンチョウ属
全長	12cm
主な分布	コロンビア〜ボリビア、ブラジル
撮影場所	エクアドル エル・オロ ブエナベントゥラ
撮影時期	2013年1月
撮影者	Ray Wilson

ギンボシフウキンチョウ

学　　名　*Tangara nigroviridis*
学名読み　タンガラ ニグロウィリディス
学名の意味　フウキンチョウの＋黒と緑色の
英　　名　Beryl-spangled Tanager
英名読み　ベリル・スパングルド・タナジャー
英名の意味　緑柱石のスパンコールの*＋フウキンチョウ
漢字表記　銀星風琴鳥
分　　類　フウキンチョウ科ナナイロフウキンチョウ属
全　　長　12cm
主な分布　ベネズエラ～ボリビア
撮影場所　エクアドル　タンダヤパ　ベラビスタ雲霧林保護区
撮 影 者　Tui De Roy

アンデス山脈の標高900～3000mの雲霧林(うんむりん)や二次林にすむフウキンチョウです。黒地に青や青緑色の羽毛をまだらに散りばめた個性的な装いの鳥です。和名ではそれを銀の星と表現し、英名は緑柱石という宝石のスパンコールにたとえています。名付けるのになかなか苦労している様子がうかがえますね。学名は、黒と緑のフウキンチョウという意味ですから、見たままストレートに名づけられています。3羽から25羽ほどの数で一緒に行動し、群れには他種のフウキンチョウが混じっていることがよくあります。主な食べものは果実や昆虫です。繁殖や詳しい習性などはよくわかっていません。

＊緑柱石は、エメラルドなどの緑色の宝石。スパンコールは、ぴかぴか光るもの

キガシラフウキンチョウ

青い体に黄色の頭が目立つ鳥です。たしかにこの黄色は、サフランライスのような色ですね。英名をつけた人はなかなか良いセンスをしているなあと感心します。本種がいる、ベネズエラからボリビアにかけてのアンデス山脈、標高1000〜2000mの間に連なる熱帯雲霧林（うんむりん）はフウキンチョウの宝庫です。つねに霧に包まれた深い森には、豊富な果実が実り、多くの昆虫がいるので、それらを食べるフウキンチョウにとっては最高の生息環境です。本種も他のフウキンチョウたちと混じって群れをつくり、木の高い枝を忙しく動き回りながら食べものを探します。

学名	*Tangara xanthocephala*
学名読み	タンガラ クサントケパラ
学名の意味	フウキンチョウ＋黄色い頭の
英名	Saffron-crowned Tanager
英名読み	サフラン・クラウンド・タナジャー
英名の意味	サフラン色の＋王冠をした＋フウキンチョウ
漢字表記	黄頭風琴鳥
分類	フウキンチョウ科ナナイロフウキンチョウ属
全長	13cm
主な分布	ベネズエラ〜ボリビア
撮影場所	エクアドル
撮影時期	2013年1月
撮影者	Glenn Bartley

キンズキンフウキンチョウ

学　　名	*Tangara larvata*
学名読み	タンガラ ラルワタ
学名の意味	フウキンチョウ＋仮面をかぶった
英　　名	Golden-hooded Tanager
英名読み	ゴールデン・フーデッド・タナジャー
英名の意味	金色のフードをかぶった＋フウキンチョウ
漢字表記	金頭巾風琴鳥
分　　類	フウキンチョウ科ナナイロフウキンチョウ属
全　　長	12cm
主な分布	メキシコ〜エクアドル
撮影場所	コスタリカ　アラフエラ
撮 影 者	Juan Carlos Vindas

金色に輝く頭と、目の覚めるようなターコイズブルーのじつにカラフルな小鳥です。青い体は構造色なので、見る角度によっては黒く見えるときもありますが、金色のフードはどんなときでも目立ちます。メキシコ南部〜エクアドルにかけて分布する鳥ですが、分布の中心は中央アメリカです。日本のバードウォッチャーがよく鳥を見に出かけるコスタリカでも、わりあい普通に見かける種で、山のロッジのえさ台に置いてあるフルーツにやってきて目を楽しませてくれます。

ペルーニジフウキンチョウ

黄色いヘッドホンをしているような頭が、本当にかわいらしいフウキンチョウです。ペルーの固有種で、アンデス山脈の東斜面、標高2600〜3100mの熱帯雲霧林に生息していますが、本当にごく狭い範囲でしか見つかっていない珍しい鳥です。かつてはキボウシニジフウキンチョウと同種と考えられていましたが、今では別種と考えられています。主な食べものは他のフウキンチョウと同じで果実や昆虫ですが、生態などの詳しいことはほとんどわかっていないミステリアスな鳥です。

学名	*Iridosornis reinhardti*
学名読み	イリドソルニス レインハルドティ
学名の意味	虹色の＋ラインハルト氏の＊
英名	Yellow-scarfed Tanager
英名読み	イエロー・スカーフド・タナジャー
英名の意味	黄色いスカーフをした＋フウキンチョウ
漢字表記	秘露虹風琴鳥
分類	フウキンチョウ科ニジフウキンチョウ属
全長	14cm
主な分布	ペルー
撮影場所	ペルー
撮影時期	2011年10月
撮影者	Glenn Bartley

＊ヨハネス・テオドール・ラインハルトJohannes Theodor Reinhardt (1816-1882)、デンマークの動物学者でコペンハーゲン動物学博物館長

キンエリフウキンチョウ

学　　名	*Tangara ruficervix*
学名読み	タンガラ ルフィケルウィクス
学名の意味	フウキンチョウ＋赤い首の
英　　名	Golden-naped Tanager
英名読み	ゴールデン・ネイプト・タナジャー
英名の意味	金色の襟首の＋フウキンチョウ
漢字表記	金襟風琴鳥
分　　類	フウキンチョウ科ナナイロフウキンチョウ属
全　　長	13cm
主な分布	コロンビア〜ペルー
撮影場所	エクアドル　ミンド
撮影時期	2009年5月
撮 影 者	Glenn Bartley

和名も英名も“襟が金色の鳥”となっていますが、実際には後頭がちょっと金色なだけなので、なんだか今ひとつ納得いかないネーミングになっています。さらに学名は「赤い首」となっていて、もうわけがわからないですね。変だなと思って調べてみたら、本種には6つの亜種があって、亜種によっては後頭がオレンジ色なのだそうです。学名はその特徴を名前にしたようです。色の特徴を名前にするのは、よく調べないと変なことになります。本種もフウキンチョウの宝庫、アンデス山脈の標高1100〜2500mの苔むした湿った森にすんでいます。動きがとても敏捷で、高い梢を活発に動き回ります。

メンガタフウキンチョウ

南アメリカのガイアナからブラジル、コロンビア、エクアドル、ペルーの広い範囲に分布する青いフウキンチョウです。標高のあまり高いところにはおらず、平地から1400mまで記録がありますが、300から900mが分布の中心です。目の周りが黒いのが名前の由来で、アイマスクをつけているように見えます。アマゾンの熱帯雨林が生息環境で、主に木の高いところにいることが多いようです。あまり大きな群れをつくらず、単独かペア、少数の群れをつくり、主に果実や昆虫を探して食べています。

学名	*Tangara nigrocincta*
学名読み	タンガラ ニグロキンクタ
学名の意味	フウキンチョウ＋黒帯斑の
英名	Masked Tanager
英名読み	マスクド・タナジャー
英名の意味	仮面をした＋フウキンチョウ
漢字表記	面形風琴鳥
分類	フウキンチョウ科ナナイロフウキンチョウ属
全長	12cm
主な分布	アマゾン川上流域ペルー

ニシキフウキンチョウ

学　　名	*Tangara fastuosa*
学名読み	タンガラ ファストゥオサ
学名の意味	フウキンチョウ＋誇り高い
英　　名	Seven-colored Tanager
英名読み	セブン・カラード・タナジャー
英名の意味	七色の＋フウキンチョウ
漢字表記	錦風琴鳥
分　　類	フウキンチョウ科ナナイロフウキンチョウ属
全　　長	13cm
主な分布	ブラジル
撮影場所	ブラジル
撮 影 者	Luiz Claudio Marigo

緑青色の頭、ターコイズブルーの下面と翼、オレンジの腰、翼の黄色斑と、「錦」の名にふさわしい美麗種です。英名を直訳するとナナイロフウキンチョウになりますが、ナナイロフウキンチョウは135ページのParadise Tanagerのことですから、とてもややこしいことになっています。本種はブラジル東海岸のごく狭い範囲にしか分布しない希少種です。湿った原生林が生息環境ですが、近年は森が農耕地などに開発され生存が危ぶまれています。また、この美しい姿が災いし、ペットとして違法に捕獲される個体もいて、絶滅が心配されています。

ムラサキフウキンチョウ

それにしても青いです。顔からお腹にかけて群青色のような深い青。構造色のこの青は、見る角度によって緑がかったり、紫がかったり変化して見えます。腰の色が、宝石のオパールのような乳白色で、飛んだときに後ろから見るととても目立ちます。英名はこの特徴に着目して名づけたのでしょう。本種の生息地は、アマゾン川流域の熱帯雨林とブラジル西海岸の2カ所と大きく離れています。4つの亜種があり、額に緑色があったり、羽色の青が濃かったりするなどの違いがあります。学名の*velia*は意味がわからない不明な言葉です。

学名	*Tangara velia*
学名読み	タンガラ ウェリア
学名の意味	フウキンチョウ＋不明＊
英名	Opal-rumped Tanager
英名読み	オパール・ランプド・タナジャー
英名の意味	オパール色の＋腰の＋フウキンチョウ
漢字表記	紫風琴鳥
分類	フウキンチョウ科ナナイロフウキンチョウ属
全長	12〜14cm
主な分布	アマゾン川流域、ブラジル西海岸
撮影場所	ブラジル
撮影者	Luiz Claudio Marigo

＊*velia*は、ルリツグミ属*Sialia*（ギリシア語で鳴き声に由来するという不明の鳥）が誤植されたか、アリストテレスがエレアeleaとよんだ小鳥の名が誤用された可能性がある

トルコイシフウキンチョウ

宝石のトルコ石の名前がつけられたフウキンチョウ。輝くようなターコイズブルーの羽色と、お腹のレモンイエローの対比があざやかな美しい鳥です。アマゾン川流域とブラジル西海岸の離れた2カ所に分布域があり、5つの亜種があります。亜種によってはお腹の色が白いものもいます。数羽の群れで行動し、なかまが子育てまで手伝う行動が知られています。学名が「メキシコの」となっていますが、これは発見場所であるアマゾンのカイエンヌという地名がメキシコと勘違いされたために、誤って名付けられました。

学　　名	*Tangara mexicana*
学名読み	タンガラ メキシカーナ
学名の意味	フウキンチョウ＋メキシコの
英　　名	Turquoise Tanager
英名読み	ターコイズ・タナジャー
英名の意味	トルコ石（青緑色）＋フウキンチョウ
漢字表記	土耳古石風琴鳥
分　　類	フウキンチョウ科ナナイロフウキンチョウ属
全　　長	14cm
主な分布	アマゾン川流域
撮影場所	エクアドル
撮影時期	2013年2月
撮 影 者	Glenn Bartley

モンキフウキンチョウ

翼の黄色いパッチ模様がチャームポイントのフウキンチョウです。日本にいるカワラヒワを青くしたような印象があります。派手な色彩が多いフウキンチョウのなかで、本種はかなり控えめな色合いです。しかし、この淡い青色がかえってなんだかホッとする気がするのは私だけでしょうか。ソライロフウキンチョウ属の中で最も北に分布している種類で、メキシコからニカラグアにかけての限られた地域にしか分布していません。うっそうとした森よりも開けた林や、林縁などを好みます。大きな群れをつくることがあって、ときに50羽以上にもなります。主な食べものは昆虫と果実です。

学名	*Thraupis abbas*
学名読み	トラウピス アッバス
学名の意味	フウキンチョウ＊1＋大修道院長＊2
英名	Yellow-winged Tanager
英名読み	イエロー・ウイングド・タナジャー
英名の意味	黄色い翼の＋フウキンチョウ
漢字表記	紋黄風琴鳥
分類	フウキンチョウ科ソライロフウキンチョウ属
全長	17cm
主な分布	メキシコ～ニカラグア
撮影場所	コスタリカ　アルフエラ
撮影者	Juan Carlos Vindas

＊1 ギリシア語で不明の小鳥を意味するが、アリストテレスが言及したフィンチの一種の可能性があり、鳥類学では一般にThraupisはフウキンチョウを指す
＊2 abbasをデッペFerdinand Deppe(1794-1861)は1830年に不明としたが、ソライロフウキンチョウへの賛辞として使われた可能性がある

ツバメフウキンチョウ

学名	*Tersina viridis*
学名読み	テルシナ ウィリディス
学名の意味	ツバメフウキンチョウ*＋緑色の
英名	Swallow Tanager
英名読み	スワロー・タナジャー
英名の意味	ツバメ＋フウキンチョウ
漢字表記	燕風琴鳥
分類	フウキンチョウ科ツバメフウキンチョウ属
全長	14cm
主な分布	パナマ、南アメリカ
撮影場所	ベネズエラ
撮影者	Otto Plantema

オスは見事なまでに青い鳥です。フウキンチョウ類のメスは、オスと同じ色のものが多いのですが、本種の場合は緑色と違っています。見た感じはどこがツバメなのかと思ってしまいますが、足が短く小さいことや飛んでいる姿がツバメとよく似ています。また、岩壁に巣をつくる習性もツバメと同じ。そんなことからこの名前がつけられました。南アメリカに広く分布している鳥で、高い山や草原以外ならば、幅広い環境で見られます。都市の公園でも姿を見ることができ、美しい姿を楽しめるのはいいですね。主な食べものは昆虫で、木のてっぺんにとまって飛んでいる虫を見つけると、パッと飛んでくわえ、また元の枝に戻る習性があります。

＊ フランスの博物学者、数学者、植物学者であるビュフォン伯Georges Louis Leclerc de Buffon（1707-1788）が不明の種としたフランスの鳥Tersineをラテン語化したもの

ソライロフウキンチョウ

メキシコからアマゾン川流域までのとても広い範囲に分布する青い鳥です。森の中よりも開けた環境を好むため、都市の公園や家の庭でも普通に見ることができます。おそらくフウキンチョウのなかで、最も簡単に見られる普通種でしょう。ですから、初めてこの鳥を見た人は、「なんてきれいな鳥」と思うかも知れませんが、地元のバードウォッチャーにはあまり人気がないようです。広域分布種のため、亜種が14もあります。それぞれ青色の濃さや大きさ、翼に白模様があるなどの細かな違いがあります。

学名	*Thraupis episcopus*
学名読み	トラウピス エピスコプス
学名の意味	フウキンチョウ＋司教・監督者の服装をした＊
英名	Blue-gray Tanager
英名読み	ブルー・グレイ・タナジャー
英名の意味	青＋灰色＋フウキンチョウ
漢字表記	空色風琴鳥
分類	フウキンチョウ科ソライロフウキンチョウ属
全長	16～18cm
主な分布	メキシコ～ブラジル
撮影場所	トリニダード・トバゴ
撮影者	Konrad Wothe

＊ 黒い帽子や、紫か青色の羽に関係している言葉。Thraupisは146ページ参照

オオソライロフウキンチョウ

学　　名	*Thraupis cyanoptera*
学名読み	トラウピス キアノプテラ
学名の意味	フウキンチョウ＋青い翼の
英　　名	Azure-shouldered Tanager
英名読み	アジュア・ショルダード・タナジャー
英名の意味	青い肩の＋フウキンチョウ
漢字表記	大空色風琴鳥
分　　類	フウキンチョウ科ソライロフウキンチョウ属
全　　長	18cm
主な分布	ブラジル
撮影場所	ブラジル
撮影時期	2006年6月
撮 影 者	Mike Lane

ソライロフウキンチョウ類の最大種です。雌雄同色で、全体が優しく淡い青色に包まれています。また、翼の肩の部分がとくに濃い青色をしており、英名、学名ともそれに由来します。ブラジルの東海岸沿いに分布し、たとえばサンパウロの近くの森でも見ることができます。生息環境は幅広く、湿った森や開けた森、二次林や林縁部など、さまざまなタイプの森林で暮らせます。フウキンチョウ類は、いろいろな種が混じり合った大きな群れをつくることが多いのですが、本種はあまりそのような傾向がなく、同種だけで15から20羽ほどの群れをつくって生活しています。

ハイガシラソライロフウキンチョウ

どちらかというと派手などぎつい色彩が多いフウキンチョウですが、その点ソライロフウキンチョウ類は、どれもがパステル調の淡く優しい色調の鳥たちです。本種は名前の通り、頭が灰色がかった青色で、翼と尾羽が緑がかった少し濃い青色をしています。うっそうとした熱帯雨林にはすんでおらず、開けた森や農耕地、都市公園で姿を見ることができます。果物が大好きで、えさ台にバナナやマンゴーを置くとすぐにやってきます。英名の「Sayaca（サヤカ）」とは、本種の現地名です。

学名	*Thraupis sayaca*
学名読み	トラウピス サヤカ*
学名の意味	フウキンチョウ＋現地名に由来
英名	Sayaca Tanager
英名読み	サヤカ・タナジャー
英名の意味	種小名＋フウキンチョウ
漢字表記	灰頭空色風琴鳥
分類	フウキンチョウ科ソライロフウキンチョウ属
全長	16〜17cm
主な分布	ブラジル南部、アルゼンチン北東部、ウルグアイ、パラグアイ
撮影場所	ブラジル　ピアウイ州
撮影者	Sean Crane

* 現地トゥピ語の名前Saí-acúに由来する

ジャマイカスミレフウキンチョウ

ジャマイカ島だけに生息する固有種の小鳥です。大きさはメジロほどしかありません。オスは青みがかった灰色でお尻がレモンイエロー、メスはオスと全体的には同じ色ですが、翼だけが黄緑色です。本種は分類が二転三転しており、かつてはフウキンチョウ科でしたが、分子生物学的な研究によってフィンチに近いことがわかり、アトリ科に分類されています。そのためスミレフウキンチョウ属なのにフウキンチョウ類ではないという、ちょっとへんてこなことになっています。ジャマイカではごく普通の鳥で、木さえあれば公園や家の庭などのどこでも姿を見ることができます。

学名　*Euphonia jamaica*
学名読み　エウポニア ヤマイカ
学名の意味　快い音の調べ・素晴らしい音色＋ジャマイカ
英名　Jamaican Euphonia
英名読み　ジャマイカン・ユーフォニア
英名の意味　ジャマイカの＋スミレフウキンチョウ属の鳥
漢字表記　牙買加菫風琴鳥
分類　アトリ科スミレフウキンチョウ属
全長　11cm
主な分布　ジャマイカ
撮影場所　ジャマイカ　ポート・アントニオ
撮影時期　4月
撮影者　Neil Bowman

オウカンフウキンチョウ

小さな赤い冠がちょこんと頭の上に乗っている青い鳥。冠というよりもちょんまげのようにも見えます。フウキンチョウのなかでは大型の種です。うっそうとした森からやや開けた森まで、バラエティに富んだ環境で見られ、都市の公園や家の庭にも現れます。普段は木の高いところにいますが、果実が大好きなので、低いところに実っていれば、近くで見ることができるでしょう。他種のフウキンチョウと一緒の群れをつくることもあります。

学名	*Stephanophorus diadematus*
学名読み	ステパノポルス ディアデマトゥス
学名の意味	冠をもつ＋王冠のある
英名	Diademed Tanager
英名読み	ダイアデムド・タナジャー
英名の意味	冠の＋フウキンチョウ
漢字表記	王冠風琴鳥
分類	フウキンチョウ科オウカンフウキンチョウ属
全長	19cm
主な分布	ブラジル南東部、パラグアイ、ウルグアイ、アルゼンチン北部
撮影場所	ブラジル
撮影時期	2006年6月
撮影者	Neil Bowman

シロエリハチドリ

学　　名	*Florisuga mellivora*
学名読み	フロリスガ メルリウォラ
学名の意味	花を吸う鳥＋蜜を食う
英　　名	White-necked Jacobin
英名読み	ホワイト・ネックド・ジャコバン
英名の意味	白い首の＋ジャコバン派
漢字表記	白襟蜂鳥
分　　類	ハチドリ科シロエリハチドリ属
全　　長	11〜12cm
主な分布	メキシコ〜ブラジル
撮影場所	コスタリカ
撮影時期	2016年2月
撮 影 者	Robert Bannister

名前だけ見ると青い鳥には思えませんが、まぎれもなく青いハチドリです。写真の鳥は首を後ろに反らせているために見えませんが、首の後ろに白い部分があるので、この名がつきました。中央アメリカからブラジルのアマゾン川流域に広く分布するハチドリで、普通に見られる種です。英名の「jacobin（ジャコバン）」は、最初に本種と近縁のクロハチドリにつけられた名前です。ジャコバンとは、フランスのジャコバン修道院の宗教一派の名前で、修道士が黒いフード付きのマントをかぶります。クロハチドリはその姿とよく似ているため、「Black Jacobin」と名前がつけられました。そして、本種はその親戚の鳥なので同じ名前が用いられたというわけです。

ルリコノハドリ

東南アジアの熱帯雨林にすむヒヨドリくらいの鳥。オスは目の覚めるようなターコイズブルーと黒のツートーンカラー、メスは鈍い青色の鳥です。学名や英名は、女神や少女、妖精となんだか可憐なイメージですが、実際は目が赤くて怖い感じの顔つきなので、今ひとつ納得できない感じです。また、本種は分類が二転三転しており、かつてはコノハドリ科とされてきましたが、現在は独立したルリコノハドリ科とされています。カラスやコウライウグイスに近いのではという考えもあります。笛のような音色の大きな声で鳴くので、とてもよく目立ちます。主な食べものは果実で、コガネムシのような大きな昆虫も捕まえて食べます。

学名	*Irena puella*
学名読み	イレナ プエッラ
学名の意味	エイレーネー(平和の女神の名)＋少女・乙女・処女
英名	Asian Fairy-bluebird
英名読み	アジアン・フェアリー・ブルーバード
英名の意味	アジアの＋妖精＋青い鳥
漢字表記	瑠璃木の葉鳥
分類	ルリコノハドリ科ルリコノハドリ属
全長	21～26cm
主な分布	東南アジア、インド
撮影者	Huetter, C

アオフウチョウ

美しく豪華な装いの鳥が多いフウチョウ類のなかで、ひときわシックで美しいといわれる鳥です。ニューギニア島東部、標高1400～1800mにかけてのごく狭い地域にしか分布しておらず、出会うのがとても難しい鳥でもあります。また、フウチョウの多くは、オスが美しくメスが地味なのですが、本種はオスもメスも美しい例外的な存在です。オスは、枝に逆さまにぶら下がって青い飾り羽を楕円形に広げ、左右に体を揺らして求愛のダンスを踊ります。このとき、電信音のような奇妙な連続音を発します。こんな美しい姿の鳥ですが、分類的にはカラスに近いというのですから、ちょっと信じられません。

学名	*Paradisaea rudolphi*
学名読み	パラディサエア ルドルピ
学名の意味	フウチョウ+ルドルフ皇太子の*
英名	Blue Bird-of-paradise
英名読み	ブルー・バード・オブ・パラダイス
英名の意味	天国の青い鳥
漢字表記	青風鳥
分類	フウチョウ科フウチョウ属
全長	30cm
主な分布	ニューギニア
撮影場所	パプアニューギニア　タリ
撮影者	Alain Compost

＊ オーストリアのルドルフ・フランツ・カール・ヨーゼフ皇太子
Archduke Rudolf Franz Karl Joseph(1858-1889)

ステラーカケス

北アメリカ西部の森にすむ青いカケスです。雌雄同色で、上半身はくすんだ黒ですが、その他は美しい青色をしています。頭のとがった冠羽が洒落ています。ステラーとは、本種を発見したドイツ人の探検家の名前。この鳥以外にもいろいろな生物に名前がついています。本種はドングリが大好物で、地面に埋めて貯食する習性があります。そのなかには食べられずに残るドングリもあって、やがて芽を出します。森をつくる役割の一部を本種が担っているのです。公園などの身近なところでも普通に見られる鳥で、カナダ・ブリティッシュコロンビア州の鳥でもあります。

学　　　名　*Cyanocitta stelleri*
学 名 読 み　キアノキッタ ステッレリ
学名の意味　青いカケス＋ステラー氏の＊1
英　　　名　Steller's Jay＊2
英 名 読 み　ステラーズ・ジェイ
英名の意味　ステラー氏の＋カケス
漢 字 表 記　ステラー懸巣
分　　　類　カラス科アオカケス属
全　　　長　30〜34cm
主 な 分 布　北アメリカ西部
撮 影 場 所　アメリカ合衆国　モンタナ州
撮　影　者　Donald M. Jones

＊1 ドイツの博物学者・探検家ゲオルク・ヴィルヘルム・シュテラー（ステラー）Georg Wilhelm Steller(1709-1746)。ユーラシア大陸とアメリカ大陸が陸続きではないことを確認したベーリングの探検に参加した

＊2 Jayは、ラテン語のGaiusを語源とする古フランス語jai(現代フランス語のカケスはgeai)に由来し、鳴き声の擬音語との説や、派手な羽を示すgayに由来するとの説もある

アオカケス

学名	*Cyanocitta cristata*
学名読み	キアノキッタ クリスタータ
学名の意味	青いカケス＋冠羽をもつ
英名	Blue Jay *2
英名読み	ブルー・ジェイ
英名の意味	青＋カケス
漢字表記	青懸巣
分類	カラス科アオカケス属
全長	25〜30cm
主な分布	北アメリカ中央部から西部
撮影場所	アメリカ合衆国
撮影者	S&D&K Maslowski

北アメリカの中央部から東に生息する青いカケスです。ちょうど西部にいるステラーカケスとすみわけている感じです。両種の分布が接するところでは雑種が生まれるほど、お互いはとても近い存在です。最近はどんどん西に分布を広げつつあります。本種は、大リーグのトロント・ブルージェイズのマスコットとしても有名ですね。都会の公園でも、木が生えていれば普通に見られる身近な存在。英名のジェイは、鳴き声が「ジェイ、ジェイ」と聞こえることに由来します。また、他の鳥の鳴きまねも得意で、タカの鳴きまねをして、他の鳥を脅してえさ台を独占するというずる賢い技ももっています。

ジュズカケアオカケス

標高1500〜3000mのアンデス山脈の湿った森にすむカケスです。覆面のような黒い顔以外は、見事なターコイズブルーの鳥で、おもわず息をのむほどの美しさです。南米には本種ととてもよく似た青いカケスが9種いて、それぞれがとても狭い分布をしています。本種も例外ではなく、コロンビアとペルーにかけてのごく狭い範囲にしか生息していません。食べものは昆虫や木の実と考えられていますが、詳しい生態はほとんどわかっていない謎の鳥です。興味深いことにオオコウウチョウという別種の鳥に托卵されることが報告されています。

学　　名　*Cyanolyca turcosa*
学名読み　キアノリカ トゥルコーサ
学名の意味　青色のカケスの一種＋トルコ石色の
英　　名　Turquoise Jay
英名読み　ターコイズ・ジェイ
英名の意味　トルコ石色の＋カケス
漢字表記　数珠掛青懸巣
分　　類　カラス科ヒメアオカケス属
全　　長　30〜34cm
主な分布　コロンビア〜ペルー
撮影場所　エクアドル
撮 影 者　Glenn Bartley

コリーカンムリサンジャク

立派な冠羽に体よりもはるかに長い尾羽。そして美しい青い羽。まるで想像で絵に描いたような姿の鳥です。冠羽の長さは8cm、尾羽はなんと50cmもあります。メキシコ固有種で、北西部の限られた地域にしか生息しない珍しい種で、半砂漠地帯のような乾燥した森や河畔林などがすみかです。近縁種のカンムリサンジャクと生息地が重なる地域では、雑種ができることがあります。木にカップ形の巣をつくり、前の年に生まれた子供達がひなへえさ運びを手伝う習性があります。名前のコリーは、イギリスのナチュラリストのアレクサンダー・コリーにちなみます。

学名	*Calocitta colliei*
学名読み	カロキッタ コッリエイ
学名の意味	美しいカケス＋コリー氏＊
英名	Black-throated Magpie-Jay
英名読み	ブラック・スローティッド・マグパイ・ジェイ
英名の意味	黒い喉の＋カササギ＋カケス
漢字表記	コリー冠山鵲
分類	カラス科カンムリサンジャク属
全長	58〜77cm
主な分布	メキシコ
撮影場所	メキシコ　ナヤリット州　サユリタ
撮影時期	1月
撮影者	Rick & Nora Bowers

＊1 アレクサンダー・コリー Dr. Alexander Collie (1793-1835)、英国の軍医で博物学者

カンムリジカッコウ

カッコウといえば、普通は木の上にいるのが常識。地上を歩くなんて考えられません。ところが、やはり不思議の島のマダガスカル。ここではカッコウも地上を歩きます。地上を歩くカッコウだから「ジカッコウ」なのです。マダガスカル固有種で、同属には10種いましたが、1種は絶滅してしまいました。本種はジカッコウのなかで、島のどこにでもいる普通種。とんがった頭の冠羽(かんう)とぴんと伸びた長い羽のスタイリッシュな鳥です。お尻のオレンジ色も見落とさないでください。ただ、本種はジカッコウなのに、けっこう木の上にいます。これは分布域が重なる他種のジカッコウと競合しないよう、すみ分けているからだと考えられています。英名の「Coua」は本種の現地名「Koa」に由来します。

学名	*Coua cristatas*
学名読み	コウア クリスタータ
学名の意味	ジカッコウ＋冠羽のある
英名	Crested Coua
英名読み	クレステッド・コウア
英名の意味	冠羽のある＋ジカッコウ
漢字表記	冠地郭公
分類	カッコウ科ジカッコウ属
全長	40〜44cm
主な分布	マダガスカル
撮影場所	マダガスカル　ベレンティー保護区
撮影時期	8月
撮影者	Hugh Lansdown

アオジカッコウ

学名	*Coua caerulea*
学名読み	コウア カエルレア
学名の意味	ジカッコウ＋青色の
英名	Blue Coua
英名読み	ブルー・コウア
英名の意味	青い＋ジカッコウ
漢字表記	青地郭公
分類	カッコウ科ジカッコウ属
全長	48〜50cm
主な分布	マダガスカル
撮影場所	マダガスカル　マロジェジ国立公園
撮影者	Nick Garbutt

マダガスカル東部に分布する、真っ青な美しいジカッコウ類の一種です。現存する9種いるジカッコウのなかで一番の美麗種でしょう。全身が真っ青ですが、とくに目の後ろの部分がきれいな明るい青色をしています。じつは、ここには羽毛が生えておらず皮膚が裸出しているのです。本種もジカッコウなのに、地面にいることが少なく、もっぱら樹上で生活しています。乾燥した林にはおらず、熱帯雨林や二次林、マングローブ林などの湿った森が生息環境です。樹上を移動しながら、主に昆虫を食べていますが、ときにはカメレオンなども食事のメニューに加わります。カッコウは自分で子育てをしないことで有名ですが、ジカッコウはちゃんと自分で子育てをします。

カンムリバト

ニューギニア西部のジャングルに生息する華麗なハトです。ハト科334種のなかで最も大きく、小型の七面鳥くらいあります。大きいだけでなく、美貌も兼ね備えていて、青い羽毛が体を包み、名前の由来となったレースのような冠羽が頭を飾ります。そして赤い目が意外と目立ちます。これだけ大きいとあまり飛ぶのは得意ではなく、熱帯雨林の林床を歩いて暮らす生活をしています。捕食の危険がある大型の哺乳類がニューギニアにはいないので、本種のような鳥が現在まで生き残ってこられたのでしょう。主な食べものは果実や種、昆虫です。

学名	*Goura cristata*
学名読み	ゴウラ クリスタータ
学名の意味	カンムリバト*＋冠羽をもつ
英名	Western Crowned Pigeon
英名読み	ウェスタン・クラウンド・ピジョン
英名の意味	西の＋冠の＋ハト
漢字表記	冠鳩
分類	ハト科カンムリバト属
全長	66～75cm
主な分布	ニューギニア
撮影者	Jurgen & Christine Sohns

＊ ニューギニアのアボリジニによるカンムリバトの現地名GouraまたはGuriaに由来する

カンムリエボシドリ

漆黒の冠羽（かんう）をもち、真っ青な羽毛に体が包まれた美しいエボシドリ類の一種です。黄色いくちばしもとてもよく目立ちます。写真では見えませんが胸からお腹にかけては、黄緑から赤色のグラデーションです。この華麗な装いはオスもメスも同じです。本種はエボシドリ科の最大種で、全長は75cmにもなります。平地から山地にかけての森に生息し、標高2700mもの高地でも観察されています。単独でいることは少なく、数羽の群れをつくって、木の高いところにいます。水浴びや水を飲むとき以外、地上に降りることはまずありません。主な食べものは果実で、たくさん実っている木には20羽近くが集まることもあります。果実以外にも葉や花、昆虫なども食べます。

学名	*Corythaeola cristata*
学名読み	コリタエオラ クリスタータ
学名の意味	冠羽のきらめく鳥＋冠羽をもつ
英名	Great Blue Turaco
英名読み	グレート・ブルー・ツラコ
英名の意味	大きな＋青＋エボシドリ
漢字表記	冠烏帽子鳥
分類	エボシドリ科カンムリエボシドリ属
全長	70～75cm
主な分布	アフリカ西部、中部
撮影場所	コンゴ　オザラ・ココウア国立公園
撮影者	Pete Oxford

セイキムクドリ

サハラ砂漠以南の中央アフリカとアフリカ南東部に分布する、青く輝くメタリックボディのムクドリです。ムクドリといえば日本でのイメージは灰色の地味な鳥。しかし、熱帯ではムクドリだって美しく光り輝く種がたくさんいます。本種は、アカシアがまばらに生えるサバンナが生息環境で、ロッジのえさ台にも頻繁にやってくるごく普通の鳥です。ナイロビなどの大都会の公園でも姿を見かけます。この美しいメタリックブルーは構造色なので、見る角度によって青や緑などさまざまに変化して見えます。黄色い目も印象的。英名は、目の後ろの部分が特に濃い青に見えることにちなみます。

学名	*Lamprotornis chalybaeus*
学名読み	ランプロトルニス カリバエウス
学名の意味	輝く鳥＋鋼色の
英名	Greater Blue-eared Starling
英名読み	グレーター・ブルー・イヤード・スターリング
英名の意味	大きな＋青い耳の＋ムクドリ
漢字表記	青輝椋鳥
分類	ムクドリ科テリムクドリ属
全長	21〜24cm
主な分布	アフリカ西部
撮影場所	ガンビア
撮影時期	1月
撮影者	Robin Chittenden

シマオオナガテリムク

学　　名	*Lamprotornis mevesii*
学名読み	ランプロトルニス メウェシイ
学名の意味	輝く鳥＋メベス氏＊
英　　名	Meves's Starling
英名読み	メベスズ・スターリング
英名の意味	メベス氏のムクドリ
漢字表記	縞尾尾長照椋
分　　類	ムクドリ科テリムクドリ属
全　　長	30cm
主な分布	アフリカ南部
撮影場所	南アフリカ　クルーガー国立公園
撮 影 者	Brigitte Marcon

ちょっと読みにくい名前ですが、漢字表記ならばわかりやすいですね。その名の通り、長い尾羽には淡い横縞模様がたくさん刻まれています。アフリカのアンゴラやナミビア、ボツワナ、南アフリカのサバンナに分布します。メタリックブルーの羽色もきれいですが、すらっとしたスマートな体型もじつに美しい鳥です。主に昆虫を食べますが、ときにはトカゲもメニューに加わります。学名と英名のメベスとは、鳥類学者の名前です。

＊ フリードリヒ・ヴィルヘルム・メベス教授 Friedrich Wilhelm Meves、ドイツの鳥類学者・動物学者で、スウェーデンのストックホルム博物館に長年勤めた

アオコンゴウインコ

学名	*Cyanopsitta spixii*
学名読み	キアノプシッタ スピクシイ
学名の意味	青いインコ＋スピックス氏の*1
英名	Spix's Macaw
英名読み	スピックスズ・マコウ*2
英名の意味	スピックス氏の＋コンゴウインコ
漢字表記	青金剛鸚哥
分類	インコ科アオコンゴウインコ属
全長	55〜57cm
主な分布	ブラジル
撮影者	Wegner, P.

＊1 ヨハン・バプチスト・フォン・スピックス Johann Baptist Ritter von Spix(1781-1826)、ブラジルでの研究で知られるドイツの博物学者
＊2 Macawは、ポルトガル語のmacaú、ブラジルの現地トゥピ語macahuba(maca:ヤシの木)に由来するとの説がある

頭が淡い青色で、その他は全身が青い中型のインコです。コンゴウインコに近い種ですが、類縁種がいない1属1種の鳥です。ブラジルのバイーア州のごく狭い範囲にだけ生息していましたが、残念なことに現在では野生個体は絶滅したと考えられており、2016年現在129羽が飼育されているだけの鳥です。食べものが特殊なため、もともと生息数が少なかった上に、ペットとして捕獲され、生息地の森が開発されるなどが原因で絶滅に追い込まれたと考えられています。学名はこの鳥の発見者である、ドイツ人の生物学者の名前に由来します。

スミレコンゴウ
インコ

学　　名	*Anodorhynchus hyacinthinus*
学名読み	アノドリンクス ヒアキンチヌス
学名の意味	くちばしに切りこみのない＋ヒヤシンス(すみれ)色の＊
英　　名	Hyacinth Macaw
英名読み	ハイヤセント・マコウ
英名の意味	ヒヤシンス＋コンゴウインコ
漢字表記	菫金剛鸚哥
分　　類	インコ科スミレコンゴウインコ属
全　　長	100cm
主な分布	ブラジル、ボリビア
撮 影 者	Michael Durham

＊　ギリシア神話に登場する、死後にヒヤシンスの花に変身したヒアキントスに由来する(オウィディウス『変身物語』巻十)

ブラジルやボリビアの乾燥林にすむ世界最大のインコです。全身が青く、口元と目の周りのあざやかな黄色がとてもよく目立ちます。この青色を和名ではスミレ、英名と学名ではヒヤシンスの花の色にたとえているのがおもしろいですね。本種の食べものは数種類のヤシの実で、大きく曲がったくちばしは堅い実を割るのに適しています。こんなに美しいインコですから、ペットとしてとても人気があり、1970〜1990年の間に少なくとも1万羽が捕獲された記録があります。また、食べもののヤシが限られたところにしか生えていないので、もともとの分布が局地的で、その少ない生息地も開発で消滅。それらの影響でとても数が少なくなっています。しかし、ここ数年は個体数が少し回復傾向にあり、明るい兆しが見えています。

キビタイヒスイインコ

オーストラリアのヨーク半島の一部にしか生息しないとても珍しいインコです。オスは、まさに宝石の翡翠を思わせる美しい青色の鳥で、肩にはとても目立つ金色の部分があります。頭は黒く、目の前に少し黄色い部分があり、名前はこの特徴にちなみます。メスは若草色の鳥です。本種の一番の特徴は、なんといってもシロアリの塚に巣をつくることでしょう。生息地には高さが1mにもなるアリ塚がいくつもあり、塚に穴を掘って巣にします。もともとはもっと広い範囲に生息していましたが、牛の放牧によって生息環境が破壊され、現在ではヨーク半島の2カ所にしか生息地がありません。個体数はおよそ3000羽と推定され、絶滅危惧種として厳重に保護されています。

学名　*Psephotellus chrysopterygius*
学名読み　プセポテッルス クリソプテリギウス
学名の意味　宝石をはめ込んだ＋金色の小翼
英名　Golden-shouldered Parrot
英名読み　ゴールデン・ショルダード・パロット
英名の意味　金色の肩羽＋オウム
漢字表記　黄額翡翠鸚哥
分類　インコ科ビセイインコ属
全長　26cm
主な分布　オーストラリア北部
撮影場所　オーストラリア　ヨーク岬半島　マスグレーブ
撮影者　Martin Willis

ルリコンゴウインコ

肩羽(かたばね)の緑がかった青から翼のターコイズブルーまでのグラデーションがなんとも美しいインコです。さらに長い尾羽が一層エレガントさを醸し出します。この写真では見えないのですが、反対側のお腹は真っ黄色。英名はその特徴に由来します。そして、舌をかみそうな学名ですが、属名の*Ara*は現地でのコンゴウインコの呼び名で、「アララ」と聞こえる鳴き声に由来します。分布域が中央アメリカのパナマ南部からブラジル、ボリビア、パラグアイとととても広く、平地を流れる川沿いの熱帯雨林が生息環境です。

学名	*Ara ararauna*
学名読み	アラ アララウナ
学名の意味	コンゴウインコ＋コンゴウインコ
英名	Blue-and-yellow Macaw
英名読み	ブルー・アンド・イエロー・マコウ
英名の意味	青と黄色の＋コンゴウインコ＊
漢字表記	瑠璃金剛鸚哥
分類	インコ科コンゴウインコ属
全長	86cm
主な分布	コロンビア、ベネズエラ、ブラジル
撮影場所	エクアドル
撮影者	Michael and Patricia Fogden

＊ Araは、現地のブラジルのトゥピ語でコンゴウインコだが、一般的な鳥を表す言葉としても使われ、インコ類を限定する言葉はArara。Araraunaは、トゥピ語Arara unaに由来し、大きな暗いオウムという意味で、実はスミレコンゴウインコ（167ページ）を示している

アイオキヌバネドリ

コロンビアからエクアドルにかけての西海岸につらなる湿った森にすむ、キヌバネドリ類の一種です。本種のオスは、頭や胸、背中から尾羽にかけて緑色光沢のある青、お腹は燃えるような赤、黄色いくちばしが目立ちます。メスは灰色と赤の鳥で、オスよりはかなり地味な感じです。白い目も特徴的で、英名の別名White-eyesの由来です。つねに木の梢近くにいて、低いところにはあまり降りてきません。こんなに派手な色をしていますが、木の上にいると緑に溶け込んで姿があまり目立ちません。食べものなどの詳しい生態はわかっていませんが、おそらく他のキヌバネドリと同じように果実や昆虫を食べていると考えられます。

学　　名　*Trogon comptus*
学名読み　トロゴン コンプトゥス
学名の意味　かじるもの＋着飾った
英　　名　Choco Trogon（70ページ）
英名読み　チョコ＊・トロゴン
英名の意味　チョコ＋キヌバネドリ
漢字表記　藍尾絹羽鳥
分　　類　キヌバネドリ科キヌバネドリ属
全　　長　28cm
主な分布　コロンビア～エクアドル
撮影場所　エクアドル　ミンド
撮 影 者　Tui De Roy

＊　チョコは、チョコ-ダリエン-ウエスタン-エクアドル(Chocó-Darién-Western Ecuador)と呼ばれるパナマ、コロンビア、エクアドル、ペルーにわたる地域。現在ではトゥンベス-チョコ-マグダレナというホットスポットに位置づけられ、中央アメリカ南東端から南アメリカ北西端まで全長1500kmに広がり、アンデス山脈の西側の海岸に沿った熱帯多雨林地域

アオミミキジ

学　　名	*Crossoptilon auritum*
学名読み	クロッソプティロン アウリトゥム
学名の意味	ふさ縁飾のある羽＋（長い）耳の
英　　名	Blue Eared Pheasant
英名読み	ブルー・イヤード・フェザント（66ページ）
英名の意味	青い＋耳の＋キジ
漢字表記	青耳雉
分　　類	キジ科ミミキジ属
全　　長	96cm
主な分布	中国
撮 影 者	David Hosking

体が青く、耳のような飾り羽があるのでアオミミキジ。耳のような不思議な白い飾り羽が何ともいえない、中国に生息するキジ類です。飾り羽は、耳というよりも頬から長く伸びたひげのようにも見えます。体は青みがかった灰色で、個体によってはとても青く見える場合があります。キジ類では珍しく、オスもメスも同じ色をしていますが、オスの足には戦うための蹴爪(けづめ)があり、メスにはありません。中国中央部の標高2400～4000mの針葉樹と広葉樹が混じった森や、森林限界を越えた草原にすんでいます。食べものはほぼ植物食で、草の種や果実、芽や葉を食べています。

インドブッポウソウ

インドを中心とした地域に分布するブッポウソウ科の一種です。とまっているときは紫色の体が目立つので、あまり青い鳥というイメージがありませんが、ひとたび飛び立てば、目が覚めるような青が広がり、たちまち青い鳥に変身します。木がまばらに生える開けたところが生息環境で、農耕地や公園などでも見られます。オスはこの翼の青を光らせるように空高く舞い上がり、アクロバティックな曲芸飛行でメスに求愛します。ブッポウソウ科の鳥は世界に12種が知られており、どれもがカラフルで美しい羽色（うしょく）をしているのが特徴です。日本にもそのうちの1種であるブッポウソウが夏鳥として渡来し、子育てします。

学名	*Coracias benghalensis*
学名読み	コラキアス ベンガレンシス
学名の意味	ベニハシガラスのような＊＋ベンガル産の
英名	Indian Roller
英名読み	インディアン・ローラー
英名の意味	インドの＋ブッポウソウ
漢字表記	印度仏法僧
分類	ブッポウソウ科ニシブッポウソウ属
全長	25〜34cm
主な分布	中東アジア〜インド、東南アジア
撮影場所	オマーン
撮影者	Mathias Schaef

＊ 属名は元々、カラスの一種またはコクマルガラスを意味して、チャフと呼ばれるベニハシガラス属の二種、ベニハシガラスとキバシガラスを対象とした可能性が高い。カラスの近縁と考えられ、リンネがCoraciasと呼んだ。語源はアリストテレスの『動物誌』9巻24章に登場するコクマルガラスの一種のこと

ニシブッポウソウ

夏には東ヨーロッパや地中海沿岸などで子育てし、寒くなる前にアフリカ南部に渡って冬越しをする美しい鳥です。雌雄とも背と翼の一部が赤茶色で、それ以外は明るい空色をしています。こんなに美しい色の鳥なのに、ゲゲゲゲと聞こえる鳴き声はお世辞にも美しいとはいえません。学名はこの鳴き声の特徴が由来です。うっそうとした森林以外ならば幅広い環境で見られ、木の穴に巣をつくります。食べものは、昆虫やトカゲ、ネズミなどの小動物で、木のてっぺんや電線にとまって、地上に獲物を見つけると、飛び降りて捕まえます。英名のRollerは、ドイツの古い言葉での本種の呼び名です。

学名	*Coracias garrulus*
学名読み	コラキアス ガッルルス
学名の意味	ベニハシガラスのような(172ページ) ＋ギャーギャー鳴く
英名	European Roller
英名読み	ヨーロピアン・ローラー
英名の意味	ヨーロッパの＋ブッポウソウ
漢字表記	西仏法僧
分類	ブッポウソウ科ニシブッポウソウ属
全長	31〜32cm
主な分布	東ヨーロッパ〜西アジア、地中海沿岸、アフリカ
撮影場所	ハンガリー
撮影者	Bill Coster

ニシブッポウソウ

撮影場所　ドイツ
撮　影　者　Dietmar Nill

yellow

キンノジコ

とにかく真っ黄色の鳥としかいいようがありません。翼と背中は淡い黒ですが、それ以外は全身が黄色い鳥です。顔がほのかなオレンジ色で、恥ずかしがっているような表情にみえてかわいらしいです。この黄色、金色というよりも英名のサフラン色という表現のほうがぴったりかもしれません。南アメリカの平地に広く分布し、乾燥した開けたところで見られます。ブラジルなどでは、街中でも普通に見られる鳥で、黄色い姿から「屋根の上のカナリヤ」という愛称でもよばれています。これだけきれいな鳥ですから、飼い鳥としても人気があり、日本のペットショップでも姿を見かけます。また、ハワイやキューバなどでは、人が放した本種が野生化しています。

学名	*Sicalis flaveola*
学名読み	シカリス フラウェオラ
学名の意味	ズグロムシクイ＋黄色い
英名	Saffron Finch
英名読み	サフラン・フィンチ
英名の意味	サフラン色の＋ヒワ（小鳥）
漢字表記	金野路子
分類	フウキンチョウ科キンノジコ属
全長	13.5〜15cm
主な分布	南アメリカ
撮影場所	ブラジル
撮影時期	2013年11月
撮影者	Glenn Bartley

北アメリカのほとんどの地域で見られる、とても身近な小鳥です。写真は本種のメスで、オスよりも黄色が淡い色合いですが、なかなかどうしてヒマワリの黄色にも負けていない美しさですね。開けた場所にすみ、家の庭のえさ台にもよく来るので、とても人気があります。ニュージャージー、アイオワ、ワシントンの州鳥に指定されています。

学　　名　*Spinus tristis*
学名読み　スピヌス トリスティス
学名の意味　マヒワ*+くすんだ色の
英　　名　American Goldfinch
英名読み　アメリカン・ゴールドフィンチ
英名の意味　アメリカの＋オウゴンヒワ
漢字表記　黄金鶸
分　　類　アトリ科マヒワ属
全　　長　11.5～13cm
主な分布　北アメリカ
撮影場所　アメリカ合衆国　メリーランド州　ポトマック
撮影時期　2012年11月
撮 影 者　Paul Sutherland

＊ マヒワの種小名ともなっているが、ギリシア語でも不明の鳥を意味する

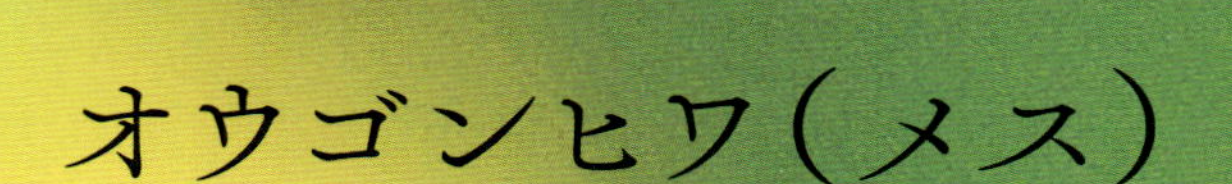

オウゴンヒワ（オス）

輝くような黄色と黒とのコントラストが美しいオスです。ピンクの花のなかで、ひときわ黄色が映えます。本種が美しいのは姿だけではありません。鳴き声も美しく、とても複雑な節回しで歌います。ところがオスがこんなに美しい黄色い鳥なのは、じつは夏の繁殖期間だけ。それ以外の季節は、すっかり色あせてしまい、メスとほとんど同じ姿に変わります。

撮影場所　アメリカ合衆国　ニューヨーク
撮影時期　5月
撮影者　Marie Read

オウゴンヒワ

撮影場所　アメリカ合衆国
撮影時期　2014年6月
撮影者　Linda Freshwaters Arndt

オウゴンヒワのつがいです。右の頭が黒いのがオスで、左がメスです。本種はどのアメリカの鳥よりも遅れて巣づくりを始めます。それは、ひなのえさであるアザミの種子が実る時期にあわせて繁殖するからです。一般的に種子が主食の鳥でも、ひなへのえさはタンパク質が豊富な昆虫を与えますが、本種はひなにも主に種子を与える珍しい習性をもっています。ときどきコウウチョウという鳥が本種に托卵をすることがありますが、ひなは3日以上生き延びることはありません。コウウチョウのひなは、アザミの種子では栄養をとることができないからです。

アメリカ西海岸から南米のペルーにかけて、とても広い範囲に分布するとても小さなかわいい鳥です。こんなに小さな鳥なのに、山地から砂漠まで幅広い環境に適応して暮らすことができるたくましさも併せもっています。オスは上面が黒く、下面が黄色で、メスはオリーブ色がかった黄色い鳥です。5つの亜種がいて、なかにはオスの首から背中が真っ黒にならない亜種もいます。学名の*psaltria*は、女性のハープ奏者のこと。本種が複雑な節回しの美しい声でさえずるところからの命名です。じつは本種は物まね鳥。さえずりには他種の鳥の声が断片的に何種類も組み込まれています。たくさんの曲のフレーズを拝借してオリジナルソングをつくる技をもっているのです。

学名	*Spinus psaltria*
学名読み	スピヌス プサルトリア
学名の意味	マヒワ(178ページ)＋女性のハープ奏者
英名	Lesser Goldfinch
英名読み	レッサー・ゴールドフィンチ
英名の意味	小さな＋オウゴンヒワ
漢字表記	姫金鶸
分類	アトリ科マヒワ属
全長	9〜11cm
主な分布	北アメリカ南西部〜ペルー
撮影場所	アメリカ合衆国　アリゾナ州　マデラ渓谷
撮影者	Craig K. Lorenz

ヒメキンヒワ

キイロアメリカムシクイ

学　　名	*Setophaga aestiva*
学名読み	セトパガ アエスティワ
学名の意味	ガを食べる鳥＋夏の
英　　名	American Yellow Warbler
英名読み	アメリカン・イエロー・ワーブラー
英名の意味	アメリカの黄色＋さえずる鳥＊
漢字表記	黄色亜米利加虫食
分　　類	アメリカムシクイ科ハゴロモムシクイ属
全　　長	12.5cm
主な分布	北アメリカ
撮影場所	アメリカ合衆国
撮 影 者	S & D & K Maslowski

＊ Warbler は、英語で鳴鳥や、アメリカムシクイ科に属する美しい小鳥の総称。「さえずる warble」＋「もの er」の意味

アメリカムシクイ科の鳥は119種もいて、黄色い鳥がたくさんいます。どれもがよく似ていて、識別はベテランでも迷うことがしばしばという、バードウォッチャー泣かせの鳥です。本種は、おそらくアメリカムシクイのなかでいちばん黄色い鳥でしょう。くちばしと目、翼には少し黒い線がある以外は全身がほぼ真っ黄色。よくみると胸に赤茶色の細かい線がありますが、遠目では黄色にしかみえません。夏の北アメリカで最も普通に見かけるアメリカムシクイで、湿地や川の近くの森で子育てをします。冬は中央アメリカや南アメリカ北部に渡って越冬します。秋と春には、渡りの途中の鳥が都会の公園にも姿を見せ、バードウォッチャーを喜ばせてくれます。

オウゴンアメリカムシクイ

全身がまさに黄金に輝く小鳥です。大きな口を開けているこの鳥はオス。自分のテリトリーを守るためにさえずっているところです。メスもきれいな黄色の鳥ですが、オスよりはちょっとくすんでいます。夏の間は北アメリカ東部で繁殖し、冬はカリブ海沿岸の暖かい地域で越冬します。湖や川の近く、湿地などの湿った場所が繁殖地で、アメリカムシクイとしては珍しく、木の穴に巣をつくります。英名のProthonotaryは書記長という意味。ギリシア正教会の総主教の書記長（秘書長）Protonotaryがゴールデン・イエローのローブを羽織っていたことにちなみます。

学名	*Protonotaria citrea*
学名読み	プロトノタリア キトレア
学名の意味	金色の＋レモン色
英名	Prothonotary Warbler
英名読み	プロソノタリー・ワーブラー
英名の意味	書記長＋さえずる小鳥
漢字表記	黄金亜米利加虫食
分類	アメリカムシクイ科オウゴンアメリカムシクイ属
全長	14cm
主な分布	北アメリカ東部、南アメリカ北部
撮影場所	アメリカ合衆国　テキサス州
撮影者	Alan Murphy

アオバネアメリカムシクイ

学名	*Vermivora cyanoptera*
学名読み	ウェルミウォラ キアノプテラ
学名の意味	虫を食べる鳥＋青い翼の
英名	Blue-winged Warbler
英名読み	ブルー・ウイングド・ワーブラー
英名の意味	青い翼の＋さえずる小鳥
漢字表記	青羽亜米利加虫食
分類	アメリカムシクイ科アオバネアメリカムシクイ属
全長	12cm
主な分布	北アメリカ東部、中央アメリカ
撮影場所	アメリカ合衆国　コネチカット州
撮影時期	5月
撮影者	Jim Zipp

明るいレモンイエローの体に翼や尾羽が青灰色の鳥です。とくに翼が青いわけではなく、青みがかった灰色なのですが、和名も英名も学名もみんな青と表現しています。また、目には黒い線が通っているので、ちょっと怖い顔に見えます。夏にアメリカ東部の五大湖以南で繁殖し、冬はメキシコなどの中央アメリカに渡ります。深い森よりも明るい林や林縁、畑などでよく見られます。近縁種のキンバネアメリカムシクイと繁殖地が接していて、境界線近くでは雑種が生まれています。本種の勢力は強く、繁殖地は拡大傾向にあるそうです。

クロズキンアメリカムシクイ

黒い目出し帽のような頭巾がかわいい小鳥です。メスにはこの頭巾がなく、オスのみに見られます。頭巾に囲まれているレモンイエローの顔がなんとも愛くるしいです。写真では見えませんが、尾羽の一番外側が白く、ときどき尾羽をパッパッと開いてフラッシュさせます。4月頃に繁殖地のアメリカ東部に渡ってきて子育てし、秋にはカリブ海の島やメキシコなどの中央アメリカへ移動して越冬します。越冬地では雌雄で生息環境が違い、オスはよく茂った森に、メスは低い木が茂るやぶにいます。利用環境を変えることで、食べ物をめぐる競合を避けていると考えられています。

学名	*Setophaga citrina*
学名読み	セトパガ キトリナ
学名の意味	ガを食べる鳥＋レモン色の
英名	Hooded Warbler
英名読み	フーデット・ワーブラー
英名の意味	頭巾をした＋さえずる小鳥
漢字表記	黒頭巾亜米利加虫食
分類	アメリカムシクイ科ハゴロモムシクイ属
全長	13cm
主な分布	北アメリカ東部、中央アメリカ
撮影場所	アメリカ合衆国　テキサス州
撮影時期	2014年4月
撮影者	Alan Murphy

クビワアメリカムシクイ

学名	*Myioborus torquatus*
学名読み	ミオボルス トルクアトゥス
学名の意味	ハエの大食家＋首飾りのある
英名	Collared Whitestart
英名読み	カラード・ホワイトスタート（188ページ）
英名の意味	首輪をした＋白い尾の鳥
漢字表記	首輪亜米利加虫食
分類	アメリカムシクイ科ベニイタダキアメリカムシクイ属
全長	13cm
主な分布	コスタリカ、パナマ
撮影場所	コスタリカ
撮影時期	2006年2月
撮影者	Glenn Bartley

赤い帽子がとってもキュートな小鳥です。小鳥はたいがいかわいいのですが、この子はピカイチです。中央アメリカのコスタリカやパナマの狭い地域にしか分布しませんが、現地ではそれほど珍しい鳥ではないといいます。標高1500m以上の山の森にすんでいて、枝先をちょこまかと動き回る忙しい鳥です。とっても好奇心が強く、鳥の方から人へ近づいてくることがよくあるそうです。こんなキュートな鳥が目の前に来たらたまりませんね。

カワリアメリカムシクイ

赤い帽子に黄色いメガネをかけたような模様の個性的な小鳥。オスもメスも色や形はほとんど同じです。南アメリカのアンデス山脈にすむ鳥で、コロンビアからボリビアにかけての標高2000〜4000mに連なる雲霧林が生息地です。5つの亜種があって、頭の赤い帽子があったりなかったりします。色彩に変化があるのでこの名前がつきました。英名のWhitestartとは白い尾という意味。尾羽の外側が白いことにちなみます。大きな木の高い位置を忙しく動き回り、おもに昆虫を探して食べています。

学　　名　*Myioborus melanocephalus*
学名読み　ミオボルス メラノケパルス
学名の意味　ハエの大食家＋黒い頭の
英　　名　Spectacled Whitestart
英名読み　スペクタクルド・ホワイトスタート＊
英名の意味　メガネをかけた＋白い尾の鳥
漢字表記　変亜米利加虫食
分　　類　アメリカムシクイ科
ベニイタダキアメリカムシクイ属
全　　長　13〜13.5cm
主な分布　コロンビア〜ボリビア
撮影場所　エクアドル
撮影時期　2013年1月
撮 影 者　Glenn Bartley

＊ Whitestartは英語でベニイタダキアメリカムシクイ属の鳥のこと。startは古語で尾tailを意味する

キマユアメリカムシクイ

目の上の眉毛にあたる部分が黄色いのが和名の由来です。しかし、眉だけではなく顔の他の部分も黄色いので、あまりピンとくるネーミングではないかもしれません。喉がオレンジ色なのはアメリカムシクイでは本種だけですから、それを名前の由来にしたらいいのにと思います。夏は主にカナダ東部の針葉樹の森で繁殖し、冬は南アメリカで越冬する渡り鳥です。普段の生活では、単独もしくはつがいで暮らしますが、渡りの途中では群れをつくります。繁殖地では普通に見られる鳥で、「チュルチュルチュル」と虫のように聞こえる声でさえずります。

学　　名　*Setophaga fusca*
学名読み　セトパガ フスカ
学名の意味　ガを食べる鳥＋暗色の
英　　名　Blackburnian Warbler
英名読み　ブラックバーニアン・ワーブラー
英名の意味　ブラックバーン夫人の*＋さえずる小鳥
漢字表記　黄眉亜米利加虫食
分　　類　アメリカムシクイ科ハゴロモムシクイ属
全　　長　13cm
主な分布　北アメリカ、南アメリカ
撮影場所　アメリカ合衆国　アリゾナ州　マデラ渓谷
撮 影 者　Scott Leslie

＊ イギリスの植物研究者で鳥類学者を支援したミセス・アンナ・ブラックバーンMrs. Anna Blackburn(1726-1793)の名に由来する。本種は初めセキレイの仲間とされ、学名もJ.G.グメリンにより*Motacilla blackburniae*と命名されたが、発見者であるP.L.S.ミュラーによる種小名*fusca*が正式に採用された。彼女は生涯未婚でありながらミセス・ブラックバーンと呼ばれることを好んだという。学名からは消えたが、その名は今も本種の一般名として残されている

カオグロ
アメリカムシクイ

黒い覆面の顔が印象的なアメリカムシクイ科の鳥です。とても身近な鳥で、夏の繁殖期は北アメリカのほぼ全域に生息し、冬は中央アメリカに渡ります。基本的にはヨシやガマなどが生える湿地が生息環境ですが、松林や農地などのさまざまな環境でも見られます。夏の間はオスがとてもよくさえずるので、鳴き声さえ知っていれば見つけるのは簡単です。このユニークな覆面はオスだけで、メスにはありません。じつはこの覆面はとても大切な役割をします。なぜならメスは、覆面が大きくて濃い色のオスが大好きだからです。日本でも2017年の冬に茨城県で本種が見つかり、多くのバードウォッチャーが集まりました。

学名	*Geothlypis trichas*
学名読み	ゲオトリピス トリカス
学名の意味	地上性のアメリカムシクイ＋ツグミ
英名	Common Yellowthroat
英名読み	コモン・イエロースロート
英名の意味	普通の＋黄色い喉の鳥
漢字表記	顔黒亜米利加虫食
分類	アメリカムシクイ科カオグロアメリカムシクイ属
全長	13cm
主な分布	北アメリカ、中央アメリカ
撮影場所	アメリカ合衆国　オハイオ州　シンシナティ
撮影者	William Leaman

ワキチャアメリカムシクイ

学　　名　*Setophaga pensylvanica*
学名読み　セトパガ ペンシルワニカ
学名の意味　ガを食べる鳥＋ペンシルバニア州の
英　　名　Chestnut-sided Warbler
英名読み　チェスナット・サイディッド・ワーブラー
英名の意味　栗色の＋脇の＋さえずる小鳥
漢字表記　脇茶亜米利加虫食
分　　類　アメリカムシクイ科ハゴロモムシクイ属
全　　長　13cm
主な分布　北アメリカ東部、中央アメリカ
撮影場所　アメリカ合衆国　テキサス州　ハイ・アイランド
撮影時期　4月
撮 影 者　Barry Mansell

5月から8月にかけてカナダ南東部、アメリカ北東部で繁殖するアメリカムシクイ科の一種です。名前の由来にもなっている栗色の脇腹がとても目立ちます。雌雄ほぼ同色ですが、オスは頭の黄色がとても濃くはっきりしています。写真はオスがメスに対して、頭の黄色をアピールして求愛しているところです。若い二次林に巣をつくりますが、農地や公園などでも姿を見るのは珍しくありません。冬はコスタリカなどの中央アメリカに渡って冬を越しますが、そのときには頭の黄色も脇の栗色も消えているので、まったく別の鳥と思われるほどです。数が多い鳥で、渡りの時期には街中の公園でもよく見かけます。

シロオビアメリカムシクイ

尾羽の白い帯が特徴的なアメリカムシクイ科の鳥。オスは写真のようにお尻を上げ、尾羽を開いて白い部分をアピールして求愛します。5月から8月は主にカナダ南部の針葉樹の森で子育てをします。冬は中央アメリカやキューバなどのカリブ海の島に渡りますが、渡りの途中にアメリカ東部を通過するので、多くのバードウォッチャーが見るのを楽しみにしています。英名のマグノリアはモクレン科の樹木の属名ですが、本種がとくにモクレン科の木が好きなわけではありません。たまたま最初に採集した木がモクレンだったことにちなんで学名だけに用いられたにすぎませんでしたが、しだいに学名が英名にも使われるようになりました。

学名	*Setophaga magnolia*
学名読み	セトパガ マグノリア
学名の意味	ガを食べる鳥＋モクレンの
英名	Magnolia Warbler
英名読み	マグノリア・ワーブラー
英名の意味	モクレン＋さえずる小鳥
漢字表記	白帯亜米利加虫食
分類	アメリカムシクイ科ハゴロモムシクイ属
全長	13cm
主な分布	北アメリカ、中央アメリカ
撮影場所	アメリカ合衆国　テキサス州
撮影者	Alan Murphy

オオフウチョウ

学　　名	*Paradisaea apoda*
学名読み	パラディサエア アポダ
学名の意味	楽園の＋足のない＊
英　　名	Greater Bird-of-paradise
英名読み	グレーター・バード・オブ・パラダイス
英名の意味	大きな＋楽園の鳥
漢字表記	大風鳥
分　　類	フウチョウ科フウチョウ属
全　　長	43cm
主な分布	ニューギニア
撮影場所	インドネシア　アルー諸島　ウォカム島
撮影時期	2010年9月
撮影者	Tim Laman

ニューギニアにすむ世界最大のフウチョウです。「絢爛豪華」はまさにこの鳥のためにあるような言葉。オスの背中に広がるゴージャスな飾り羽は脇羽が伸びたもので、メスを魅了するだけのために、極限まで大きく発達しました。求愛ダンスは、高い木の梢にある踊り場に数羽の鳥が集まって行います。写真のように飾り羽を背中の上にもち上げ、鳴きながら枝先を跳ねるように踊ってメスを誘います。メスが接近すると頭を下げ、翼を広げる独特のポーズを決めます。その光景をみてメスは気に入ったオスを選び交尾をします。その後の子育ては全てメスだけで行い、オスはまったく関与しません。ただただ求愛を繰り返して、複数のメスと次々に交尾をするだけです。

＊本種の標本は、翼と足が切られてヨーロッパに持ちこまれたので、「足のない鳥」とされた。
黄金の雲のような尾羽だけで地上に降りることなく、死ぬまで空を飛び続ける「神の鳥」と考えられていた

オオフウチョウが求愛ダンスを踊る場所は通常、高木の枝先です。したがって間近にこのダンスを撮影することは不可能でした。ところがこの写真を撮影したカメラマンは、パソコンにつなげたデジタルカメラだけを地上20mの踊り場に設置し、遠隔操作をすることを考案。ついに朝日を浴びて翼を広げる奇跡の一枚をものにすることができました。

撮影場所　インドネシア　アルー諸島　ウォカム島
撮影時期　2010年9月
撮影者　Tim Laman

オオフウチョウ

濃い灰色の上面とお腹のレモンイエローの対比が美しいセキレイです。赤い花畑の中にいると、あざやかな黄色が一層際立ちますね。日本のセキレイは水辺の鳥のイメージですが、本種は草原の鳥です。たくさんの亜種があり、分類が混乱している鳥でもあります。現在は、ユーラシア大陸の東半分と西半分では別種という学説が有力です。足の後ろ向きの指の爪が他種のセキレイよりも長いのが、和名の由来です。尾羽を上下に細かく振るセキレイ類独特の行動は本種も同じ。学名の*Motacilla*は小さな尾を動かすという意味です。

学　　名　*Motacilla flava*
学名読み　モタキッラ フラワ
学名の意味　セキレイ＋黄色の
英　　名　Western Yellow Wagtail
英名読み　ウェスタン・イエロー・ワグテイル
英名の意味　西の＋黄色い＋セキレイ＊
漢字表記　爪長鶺鴒
分　　類　セキレイ科セキレイ属
全　　長　16.5cm
主な分布　ユーラシア大陸西部、アフリカ、インド
撮影場所　オランダ　フリースラント州
撮 影 者　Henny Brandsma

＊ Wagtailは、「上下左右に振るwag」＋「尾tail」という意味。古代ローマの学者マルクス・テレンティウス・ウァロMarcus Terentius Varro(BC116-BC27)は、セキレイを「小さな動くもの」という意味の*motacilla*と命名した。命名の理由記録に「尾を常に振る」とあったため、中世の学者が「動くもの」を意味する*-cilla*を「尾」と誤読。以来、鳥の尾を表す学名は*-cilla*になった

ツメナガセキレイ

アオガラ

ヨーロッパにすんでいるシジュウカラと親戚の小鳥です。この写真では、なんでアオガラってよぶのだろうと思ってしまいますが、体の上面が青みのある灰色なのでこの名前がつきました。したがって普段黄色い鳥のイメージはあまりないのですが、ひとたび舞い上がると、まぎれもなく黄色い鳥です。とても身近な鳥で、森の中はもちろん、都市の公園や家の庭でもごく普通に見ることができます。また、ヒマワリの種を置いたえさ台にも頻繁にやってくる、おなじみのお客さんでもあります。

学名	*Cyanistes caeruleus*
学名読み	キアニステス カエルレウス
学名の意味	濃い青の＋青色の
英名	Eurasian Blue Tit
英名読み	ユーラシアン・ブルー・ティット
英名の意味	ユーラシアの＋青＋カラ類の鳥
漢字表記	青雀
分類	シジュウカラ科アオガラ属
全長	11.5cm
主な分布	ヨーロッパ
撮影場所	イギリス　チェシャー
撮影時期	2007年2月
撮影者	Ben Hall

アオガラ

アオガラは、オスもメスも同じ色をしているので見た目で見分けることができません。しかし、当たり前ですが、彼らはちゃんと見分けることができます。いったい何を基準に見分けているのか謎でしたが、最新の研究で頭部の紫外線の反射の具合が雌雄で異なることがわかりました。鳥の多くは、人には見えない紫外線が見えるので、鳥の目では雌雄は違って見えるのだと考えられています。

撮影場所　イギリス
撮　影　者　Colin Varndell

ズグロムクドリモドキ

アメリカとメキシコの国境であるリオグランデ川沿いとメキシコ南西部の海岸林の離れた2カ所に分布するムクドリモドキ類の一種です。名前のとおり頭が真っ黒で、あざやかな黄色い体が美しい鳥です。オスもメスもほとんど同じ色をしていますが、メスの方がややくすんでいます。川沿いに広がる湿地のよく茂った森が生息環境で、茂みからあまり姿を見せないため、存在がわかりにくい鳥でもあります。アメリカのテキサス州の生息地では個体数が減っており、その原因の1つが、コウウチョウという別種の鳥に托卵されることではないかと考えられています。英名のオーデュボンとは、著名な19世紀のアメリカの鳥類学者の名前です。

学　　名　*Icterus graduacauda*
学名読み　イクテルス グラデュアカウダ
学名の意味　黄色い羽をもつ鳥 *1 ＋段のある尾
英　　名　Audubon's Oriole
英名読み　オーデュボンズ・オリオール
英名の意味　オーデュボン氏の *2＋ムクドリモドキ
漢字表記　頭黒椋鳥擬
分　　類　ムクドリモドキ科ムクドリモドキ属
全　　長　21.5～24cm
主な分布　アメリカ南部～メキシコ
撮影場所　アメリカ合衆国　テキサス州
撮 影 者　Alan Murphy

＊1 この鳥を見た人の黄疸は治るが、その鳥は死ぬとの伝承がある
＊2 米国の画家で鳥類研究者、博物画集『アメリカの鳥類』で有名なジョン・ジェームズ・オーデュボン John James Audubon（1785-1851）の名前に由来する

ムナグロムクドリモドキ

南カリフォルニアやテキサス南部などで繁殖する黄色と黒のムクドリほどの大きさの鳥です。喉から胸にかけてよだれかけのような黒い部分があるので、この名がつきました。本種のおもしろいところは巣づくりです。ヤシの葉の下に、葉を編んだかご状の巣を吊るすようにつくります。カリフォルニアでは、街にヤシがどんどん植えられた影響で、本種が増加したことがわかっています。暖かいカリフォルニアでも、冬は食べものの虫が減ってしまうので、もっと暖かいメキシコに渡って越冬します。ところが最近は、ハチドリ用の砂糖水が入ったえさ台を利用し、冬でもずっとカリフォルニアに残っている個体が見られはじめたそうです。

学名	*Icterus cucullatus*
学名読み	イクテルス ククルラトゥス
学名の意味	黄色い羽をもつ鳥＋頭巾をかぶった
英名	Hooded Oriole
英名読み	フーデッド・オリオール
英名の意味	頭巾の＋ムクドリモドキ
漢字表記	胸黒椋鳥擬
分類	ムクドリモドキ科ムクドリモドキ属
全長	18.5～20cm
主な分布	北アメリカ南西部、メキシコ
撮影場所	アメリカ合衆国　アリゾナ州
撮影者	Alan Murphy

キイロムクドリモドキ

南アメリカのコロンビアからベネズエラ、ブラジルにかけての海岸に近い地域に分布するムクドリモドキ科の一種です。ムクドリモドキ科は似たような黄色と黒の鳥が本当にたくさんいて見分けに苦労しますが、なかでも本種は黄色の面積が最も広いので、この名前になりました。うっそうと茂ったジャングルよりも開けた環境が好きなので、農園や公園などでも見られ、「小さなトウモロコシの鳥」というニックネームでよばれることもあります。主な食べ物は昆虫ですが、花の蜜も大好きで、ハチドリ用のえさ台もよく利用します。英名のオリオールは、アジアに分布するコウライウグイス科の鳥とアメリカに分布するムクドリモドキ科の両方に使われています。これはかつて両科が同じグループだと考えられていたためですが、現在ではまったく類縁関係がないにも関わらず、名前だけはその名残をとどめています。

学　　名　*Icterus nigrogularis*
学名読み　イクテルス ニグログラリス
学名の意味　黄色い羽をもつ鳥＋黒い喉の
英　　名　Yellow Oriole
英名読み　イエロー・オリオール
英名の意味　黄色い＋ムクドリモドキ
漢字表記　黄色椋鳥擬
分　　類　ムクドリモドキ科ムクドリモドキ属
全　　長　20〜21cm
主な分布　南アメリカ北部
撮影場所　トリニダード・トバゴ
撮影時期　4月
撮 影 者　Robin Chittenden

コウライウグイス

学名	*Oriolus chinensis*
学名読み	オリオルス キネンシス
学名の意味	黄金の*＋中国産の
英名	Black-naped Oriole
英名読み	ブラック・ネイプト・オリオール
英名の意味	黒い襟首の＋コウライウグイス
漢字表記	高麗鶯
分類	コウライウグイス科コウライウグイス属
全長	23～28cm
主な分布	中国、朝鮮半島、インド、東南アジア
撮影者	Jurgen and Christine Sohns

夏は中国や朝鮮半島で繁殖し、冬は東南アジアに渡って越冬するあざやかな黄色と黒の鳥です。日本にもごくまれに渡ってくることがあり、この美しい姿を見ることがあります。ウグイスという和名がついていますが、類縁関係はまったくありません。もちろんホーホケキョと鳴くことはなく、笛のような音色の美しい声でさえずります。名前の「コウライ」は韓国の古い国の名前で、韓国では普通に見られる鳥です。韓国ドラマでは本種の声が聞こえることがあります。若い木が生えた森やマングローブ林などの明るく開けたところが生息環境で、公園や農園などの街の中でも姿を見ることができます。20もの亜種があり、翼の黒い色などに違いがあります。

＊ *Oriolus*は、ニシコウライウグイスの旧学名*Caracias oriolus*の種小名を属名にしたもので、フランスの擬音語Oriol（Oryol）に由来する

メガネコウライウグイス

目の周りが、メガネをかけたような赤い模様をしたコウライウグイス科の一種です。オスは黒い頭に赤いメガネ模様で、喉からお腹が黄色いのに対し、メスは茶色い斑模様の地味な鳥です。同じ鳥とは思えないほどの違いがあります。オーストラリアの北部から東海岸に分布し、よく茂った森がすみかです。ごく一部はニューギニアにもいます。英名のFigはイチジクのことで、その名の通り、イチジクが大好物。イチジクが植わっていれば公園でも見られます。その他、さまざまな果実や昆虫も食事のメニューに加わります。多くのコウライウグイスは単独で行動しますが、本種は珍しく20羽ほどの群れをつくります。

学名	*Sphecotheres vieilloti*
学名読み	スペコテレス ウィエイッロティ
学名の意味	スズメバチを狩る者＋ヴィエロット氏の＊
英名	Australasian Figbird
英名読み	オーストラレイシアン・フィグバード
英名の意味	オーストラリアの＋イチジクを食べる鳥
漢字表記	眼鏡高麗鶯
分類	コウライウグイス科メガネコウライウグイス属
全長	27～29.5cm
主な分布	オーストラリア
撮影場所	オーストラリア　クイーンズランド州
撮影者	Greg Oakley

＊ フランスの鳥類学者ルイ=ジャン=ピエール・ヴィエロット Louis Jean Pierre Vieillot(1748-1831)の名前に由来する

ズグロコウライウグイス

学　　名	*Oriolus xanthornus*
学名読み	オリオルス クサントルヌス
学名の意味	金色の＋黄色い鳥
英　　名	Black-hooded Oriole
英名読み	ブラック・フーデッド・オリオール
英名の意味	黒い＋頭巾の＋コウライウグイス
漢字表記	頭黒高麗鶯
分　　類	コウライウグイス科コウライウグイス属
全　　長	23〜25cm
主な分布	インド、東南アジア
撮影場所	スリランカ　ポロンナルワ
撮影時期	2月
撮 影 者	Gianpiero Ferrari

本種のオスは、真っ黒な覆面をすぽっとかぶったような特徴的な姿の鳥です。和名も英名もこの特徴にちなみます。また、くちばしと目が赤いのがとても印象的です。黄色と黒のコンビネーションの色彩は、コウライウグイス類の典型的な姿です。メスは基本的にはオスと同じ色彩ですが、各部の色が淡く鈍い感じです。開けた環境を好み、都市の公園などでも普通に見られる身近な鳥です。

西洋にいるコウライウグイスだからニシコウライウグイス。春になるとヨーロッパの各地に姿を見せ、秋になるまで子育てをし、冬はアフリカ南部に移動する渡り鳥です。明るい林や公園でも普通に見られる鳥で、北ヨーロッパでは本種が渡ってくることで春を知る、春告鳥です。ヨーロッパでこれほど黄金色の派手な鳥は他にいませんので、バードウォッチャーではない人にも人気があります。美しい黄色はとても目立ってしまいそうですが、緑の葉が繁る中にいると意外に目立ちにくく、双眼鏡で観察しようとしても姿を捉えるのに苦労します。オスはフルートのような音色の、とても美しい声で鳴く鳥でもあります。主な食べものは昆虫です。

学名　*Oriolus oriolus*
学名読み　オリオルス オリオルス
学名の意味　金色の＋金色の
英名　Eurasian Golden Oriole
英名読み　ユーラシアン・ゴールデン・オリオール
英名の意味　ユーラシアの＋金色の＋コウライウグイス
漢字表記　西高麗鶯
分類　コウライウグイス科コウライウグイス属
全長　25cm
主な分布　ヨーロッパ、アフリカ
撮影場所　ブルガリア
撮影者　Hinze, K.

ニシコウライウグイス

フウチョウモドキ

学名	*Sericulus chrysocephalus*
学名読み	セリクルス クリソケパルス
学名の意味	絹のような羽の鳥＋金色の頭の
英名	Regent Bowerbird
英名読み	リージェント・バウワーバード
英名の意味	摂政*＋ニワシドリ
漢字表記	風鳥擬
分類	ニワシドリ科フウチョウモドキ属
全長	24.5cm
主な分布	オーストラリア
撮影場所	オーストラリア クイーンズランド州 ラミントン国立公園
撮影時期	2016年9月
撮影者	Bill Coster

フウチョウ類に似ていますが、ニワシドリ類の一種なのでフウチョウモドキです。オスは黄色と黒の美しい姿の鳥で、黒い羽はまるで絹のような質感。黄色い羽は目が覚めるようなあざやかさです。一方、メスは茶色のとても地味な鳥です。ニワシドリ科の鳥は世界に20種がいて、オスは小枝や花びら、木の実などで求愛のためだけの舞台をつくります。その様子がまるで庭をつくるようなので庭師鳥とよばれます。求愛の舞台は種によってさまざまで、本種は小枝を立てた垣根を並行につくり、舞台となる花道をつくります。メスが来るとその花道でダンスを踊り求愛します。主な食べものは果実や昆虫ですが、花の蜜も大好きでよく蜜をなめに訪れます。英名のRegentは、イギリスの皇太子ジョージ4世にちなみます。

＊ 英国のPrince Regent摂政皇太子時代(1811-20)のジョージ4世に由来する。浪費家だった同時代にちなんで、Regentは豪華で高級であることの代名詞にも使われた

アカビタイキクサインコ

オーストラリアのタスマニア島とその周辺にだけ生息するインコです。現地ではそれほど珍しくなく、身近にいる鳥です。名前の由来となった額の赤いワンポイントがチャームポイント。英名は緑色のインコという意味ですが、あまり緑の鳥にはみえません。これは近縁のクサインコ類のなかで、いちばん背面が緑がかった色をしていることに由来しているのですが、あまりふさわしい名前ではないかも。Tasmania Rosella(タスマニア・ロゼラ)という別名がありますが、こちらの方がふさわしい感じがします。また、ニューカレドニアの鳥という意味の学名がつけられていますが、本種はニューカレドニアにはいません。これは最初に採集された標本がニューカレドニア産と誤って記述されたためで、いまだにそのときの学名のままになっているのです。

学名	*Platycercus caledonicus*
学名読み	プラティケルクス カレドニクス
学名の意味	広い尾の＋ニューカレドニアの
英名	Green Rosella
英名読み	グリーン・ロゼラ
英名の意味	緑色の＋ヒラオインコ属の鳥
漢字表記	赤額黄草鸚哥
分類	インコ科ヒラオインコ属
全長	36cm
主な分布	オーストラリア　タスマニア島
撮影場所	オーストラリア　タスマニア島
撮影者	Dave Watts

ズグロサメクサインコ

オーストラリア北部の限られた地域でしか見られないインコです。黄色、青、赤ととてもカラフルな鳥ですが、やはり名前の由来となった真っ黒な頭が目立ちますね。ヒラオインコ属の鳥で、飛んだときに尾羽が平らに広がる特徴があります。本種はユーカリがまばらに生える乾燥した森に生息していますが、マングローブ林や街中の公園にもときどき姿を見せることがあります。ユーカリやアカシアの種子が主な食べものです。学名の*venustus*は「かわいい」や「魅力的な」という意味があり、最初にこの鳥を発見したドイツのナチュラリストがそう感じてネーミングしたのでしょう。また、英名のRosellaは、もともとの名前だったロゼッタオウムのスペルミスだという説があります。

学名	*Platycercus venustus*
学名読み	プラティケルクス ウェヌストゥス
学名の意味	広い尾の＋かわいい
英名	Northern Rosella
英名読み	ノーザン・ロゼラ
英名の意味	北の＋ヒラオインコ属の鳥
漢字表記	頭黒褪草鸚哥
分類	インコ科ヒラオインコ属
全長	28cm
主な分布	オーストラリア北部
撮影場所	オーストラリア
撮影者	Jan Wegener

ニョオウインコ

ブラジルのごく狭い地域にしか分布していない珍しいインコです。インコ科の鳥は180種もいますが、本種がいちばん黄色いインコといえるでしょう。カナリアイエローの体と翼の緑があまりにも美しすぎる、まさに女王の名前にふさわしい鳥です。しかし、この美しさが災いし、たくさんの鳥がペットにする目的で捕獲され、激減してしまいました。現在ではワシントン条約でいっさいの商取引が禁止されていますが、いまだに密猟が行われています。つねに20羽ほどの群れで生活し、夜寝るときも子育ても群れで行います。本種は、まるでブラジル国旗のような配色なので、ブラジルの国鳥といわれることがあるようですが、正式な国鳥はナンベイコマツグミという別の鳥です。

学名	*Guaruba guarouba*
学名読み	グアルバ グアロウバ
学名の意味	旧学名＋現地名＊
英名	Golden Parakeet
英名読み	ゴールデン・パラキート
英名の意味	金色の＋（小型で細い尾の）インコ
漢字表記	女王鸚哥
分類	インコ科ニョオウインコ属
全長	34〜36cm
主な分布	ブラジル
撮影場所	ブラジル　マトグロッソ州　パンタナール
撮影者	Jurgen & Christine Sohns

＊ 属名は、本種の旧学名*Psittacus guarouba*の種小名に由来。種小名はブラジルの現地トゥピ語Garajúbaに由来し、本種とともに黄色い鳥やインコも意味する

オグロインコ

オーストラリア南西部と南東部に離れて分布する黄色いインコです。オスは顔からお腹までの下面があざやかな黄色で、背中や尾羽は緑色、翼は紺色で、くちばしの赤が目立ちます。メスはオスよりも黄色みがなく、緑色の鳥です。数字だけ見るとずいぶん大きなインコに思えますが、体の半分以上は尾羽なのでそれほど大きな鳥ではありません。尾羽の裏が黒いことから、この名前がつきました。英名はイギリス皇太子ジョージ4世にちなんで命名されています。

学　　名　*Polytelis anthopeplus*
学名読み　ポリテリス アントペプルス
学名の意味　非常に高価な＋花のコートを着た
英　　名　Regent Parrot
英名読み　リージェント・パロット
英名の意味　摂政（207ページ）＋オウム
漢字表記　尾黒鸚哥
分　　類　インコ科ミズカキインコ属
全　　長　40cm
主な分布　オーストラリア
撮影場所　オーストラリア　ビクトリア州
撮 影 者　Greg Oakley

コガネメキシコインコ

黄色い体に緑の翼、お酒に酔ったような赤い顔がかわいいインコです。本種は和名に「メキシコ」とつきますが、メキシコには生息していません。和名はメキシコインコ類からで、実際にはガイアナ、スリナム、ブラジル北部に分布しています。英名も学名も太陽の鳥という意味ですが、まさにこの黄色は太陽を思わせますね。また、英名のParakeetは南米にすむ中型インコの総称です。いつも30羽ほどの群れで行動し、鳴きながら飛ぶ、とてもにぎやかな鳥です。野生での情報はとても少なく、詳しい生態などはあまりわかっていません。きれいなインコですから、ペットとして人気があります。そのため乱獲され、数がとても少なくなっており、現在ではワシントン条約で商取引が規制されています。

学名	*Aratinga solstitialis*
学名読み	アラティンガ ソルスティティアリス
学名の意味	輝く鳥＋太陽の色の
英名	Sun Parakeet
英名読み	サン・パラキート
英名の意味	太陽＋(小型で長い尾の)インコ
漢字表記	黄金墨西哥鸚哥
分類	インコ科クサビオインコ属
全長	30cm
主な分布	ブラジル
撮影時期	2009年3月
撮影者	Rod Williams

オウゴンニワシドリ

学名	*Prionodura newtoniana*
学名読み	プリオノデュラ ネウトニアナ
学名の意味	ノコギリの歯のような尾羽＋ニュートン氏の＊
英名	Golden Bowerbird
英名読み	ゴールデン・バウワーバード
英名の意味	金色の＋ニワシドリ
漢字表記	黄金庭師鳥
分類	ニワシドリ科オウゴンニワシドリ属
全長	25cm
主な分布	オーストラリア
撮影場所	オーストラリア　クイーンズランド州　アサートン
撮影者	D.Parer and E.Parer-Cook

オーストラリア北東部の熱帯雨林にすむニワシドリ類です。ニワシドリは、種によってさまざまな形の求愛の舞台をつくりますが、本種はツインタワー型。小枝を組んで、なんと高さ2mにもなるタワーを2つもつくります。さらにタワーの周りにはコケや地衣類で装飾を施す念の入りよう。たった25cmの小鳥がやった仕事とは、とうてい思えない規模の舞台です。こんなに大きくするのには、1シーズンでは完成せず、何年もかかります。ある巨大な舞台は何世代もの鳥が60年にわたって使い続けていたといいます。オスは鳴いてメスを呼び、メスが姿を見せるとダンスを踊って求愛します。オスは踊ってメスと交尾をするだけで、子育てはいっさい手伝いません。

＊ アルフレッド・ニュートン Alfred Newton (1829- 1907)に由来。ケンブリッジ大学教授で英国鳥学会の創立者の一人

オウゴンフウチョウモドキ

求愛専用の舞台をつくってメスに求愛するニワシドリ類には、地味な色の鳥が多いのですが、本種は例外。オスは頭から上半身が英名のように、まさに燃えるような赤い色の鳥です。上半身以外は絹のような光沢のある黄金色で、翼の先の黒がアクセントになっています。いっぽうメスは、ものすごく地味な茶褐色の鳥です。オスは、小枝を組んで低い垣根のような壁を平行に二列に並べた舞台をつくります。そこにメスが近づくと、体をねじ曲げて片翼だけを広げ、ゆっくり伸び上がった後に、小刻みに体を揺すりながら姿勢を低くする動作を繰り返します。このときくちばしに青い色の木の実をくわえる演出も忘れません。

学名	*Sericulus ardens*
学名読み	セリクルス アルデンス
学名の意味	絹のような羽の鳥＋燃えるような色の
英名	Flame Bowerbird
英名読み	フレーム・バウワーバード
英名の意味	炎＋ニワシドリ
漢字表記	黄金風鳥擬
分類	ニワシドリ科フウチョウモドキ属
全長	25.5cm
主な分布	ニューギニア
撮影場所	パプアニューギニア
撮影者	Paul D.Stewart

ニシフウキンチョウ

学名	*Piranga ludoviciana*
学名読み	ピランガ ルドウィキアナ
学名の意味	フウキンチョウの現地名＋ルイジアナの
英名	Western Tanager
英名読み	ウエスタン・タナジャー
英名の意味	西の＋フウキンチョウ
漢字表記	西風琴鳥
分類	ショウジョウコウカンチョウ科フウキンチョウ属
全長	17cm
主な分布	北アメリカ、中央アメリカ
撮影場所	アメリカ合衆国　カリフォルニア州　カーン郡
撮影者	Bob Steele

アメリカ西部で見られるフウキンチョウなので、ニシフウキンチョウです。赤い頭と黄色い体、翼と尾羽が黒いスズメほどの小鳥で、配色だけ見れば日本のキビタキに似ています。繁殖地はアラスカ南部までかなり北の地域にまで広がっており、背の低い針葉樹林がまばらに生えた場所を好みます。冬は、暖かいメキシコからパナマにかけての中央アメリカに移動して過ごします。オスの目立つ頭部の赤色は、食べ物の昆虫から体内に取り込まれた色素によって発色します。こんな派手な色にもかかわらず、森の中にいると葉の緑に溶け込んでしまい、あまり目立たないのがとても不思議です。

ミナミズアオフウキンチョウ

英名のとおり、まさに青と黄色の小鳥です。大きさはスズメほど。エクアドルのアンデス山脈からアルゼンチンの平地まで、さまざまなタイプの森林でみられ、都市公園で姿を見ることもあります。4亜種あり、亜種によってお腹の色がオレンジ色だったり、背中の色の黒みがなかったり、変化があります。エクアドルなどの高地に生息する亜種は羽色(うしょく)が全体的に淡く背中が緑色で、他の亜種とはかなり印象が違うため、別種とする説もあります。果実や昆虫が主な食べ物ですが、どちらかというと果実をついばんでいる姿の方がよく見られます。

学名	*Thraupis bonariensis*
学名読み	トラウピス ボナリエンシス
学名の意味	フウキンチョウ＋ブエノスアイレス産
英名	Blue-and-yellow Tanager
英名読み	ブルー・アンド・イエロー・タナジャー
英名の意味	青と黄色の＋フウキンチョウ
漢字表記	南頭青風琴鳥
分類	フウキンチョウ科ソライロフウキンチョウ属
全長	17cm
主な分布	エクアドル～アルゼンチン
撮影場所	アルゼンチン　ラ・パンパ州
撮影者	Gabriel Rojo

ズキンキバラフウキンチョウ

頭が黒く、上面が藍色、お腹が黄色の鳥です。黒い頭巾のなかで赤い目がとても目立ちます。雌雄同色。青い部分と黄色い部分が同じくらいの面積なので、どちらのカテゴリーに入れるか悩むところですが、今回はお腹から見た印象で黄色い鳥に入れました。コロンビアからボリビアのアンデス山脈、標高1900〜3500mの雲霧林(うんむりん)に生息し、ヤマフウキンチョウ類でいちばん普通の種です。ふだんは10羽ほどの小さな群れで暮らしていますが、ときには他のフウキンチョウやアメリカムシクイ科の鳥と一緒の大きな群れをつくることがあります。本種の学名*Buthraupis*は牛のように大きいという意味ですが、スズメより小さな種が多いフウキンチョウ類のなかで、ムクドリ大の本種は確かに大きいという印象です。

学名	*Buthraupis montana*
学名読み	ブトラウピス モンタナ
学名の意味	牛のように大きいフウキンチョウ＋山の
英名	Hooded Mountain Tanager
英名読み	フーデッド・マウンテン・タナジャー
英名の意味	頭巾をかぶった＋山の＋フウキンチョウ
漢字表記	頭巾黄腹風琴鳥
分類	フウキンチョウ科キバラフウキンチョウ属
全長	21cm
主な分布	コンビア〜ボリビア
撮影場所	エクアドル
撮影時期	2013年1月
撮影者	Glenn Bartley

クロアゴヤマフウキンチョウ

コロンビアからエクアドルのアンデス山脈の西斜面の森に生息するヤマフウキンチョウ類です。分布域が極めて限られており、とても珍しい種です。標高900〜2200mの湿った森にすんでいて、木の高いところや林縁を、少数のグループであっちこっちに移動しながら、食べ物を探している姿を見かけます。とてもよく似た色のヤマフウキンチョウは3種いますが、本種だけが顎まで黒いので、この名前がつきました。食べ物などについての詳しい生態はよくわかっていませんが、他のフウキンチョウと同じように果実や昆虫を食べていると考えられています。

学名	*Anisognathus notabilis*
学名読み	アニソグナトゥス ノタビリス
学名の意味	上下が不揃いのくちばし＋顕著な
英名	Black-chinned Mountain Tanager
英名読み	ブラック・チンド・マウンテン・タナジャー
英名の意味	黒いあごの＋山＋フウキンチョウ
漢字表記	黒顎山風琴鳥
分類	フウキンチョウ科ヤマフウキンチョウ属
全長	18cm
主な分布	コロンビア〜エクアドル
撮影場所	エクアドル　ミンド
撮影時期	2009年5月
撮影者	Glenn Bartley

アオバネヤマフウキンチョウ

学　　名	*Anisognathus somptuosus*
学名読み	アニソグナトゥス ソムプトゥオスス
学名の意味	上下が不揃いのくちばし＋豪華な
英　　名	Blue-winged Mountain Tanager
英名読み	ブルー・ウイングド・マウンテン・タナジャー
英名の意味	青い翼の＋山＋フウキンチョウ
漢字表記	青羽山風琴鳥
分　　類	フウキンチョウ科ヤマフウキンチョウ属
全　　長	16 ～17cm
主な分布	ベネズエラ～ボリビア
撮影場所	エクアドル　ミンド
撮影時期	2009年5月
撮 影 者	Glenn Bartley

クロアゴヤマフウキンチョウとそっくりな羽色（うしょく）ですが、本種は喉まで黒くないのが違うところ。名前の由来となったターコイズブルーの羽のスポットがとてもよく目立ちます。ベネズエラからボリビアにかけてのアンデス山脈の、標高1400～2600mに連なる雲霧林（うんむりん）にすんでいます。ごく普通に見られる種で、枝から枝へ食べ物を探しながら移動していく10羽ほどの群れに出会えます。他のフウキンチョウやアメリカムシクイ科の鳥と一緒の群れをつくりますが、本種がその中心的な存在。本種の群れにいろいろな種類の鳥が加わっていき、次第に大きな群れができあがるのではないかと考えられています。

キガオフウキンチョウ

ブラジルの南東部、「マタ・アトランティカ」とよばれる特殊な森林にすむ美しいフウキンチョウ。スズメよりも小さな小鳥です。和名から受ける印象は単に顔が黄色いだけのようですが、実際には英名のとおり、頭部は金色に緑取られた羽が不思議な良い色合いを醸し出しており、他の部位も蛍光色のグリーンやブルーの羽色に覆われていて、じつにカラフルです。本種が生息するマタ・アトランティカは、ブラジル大西洋岸海岸林ともよばれ、アマゾンとはまったく違う独特の生態系の熱帯雨林です。世界でも一二を争う生物多様性が豊かな地域で、美しいフウキンチョウ類の宝庫です。

学名	*Tangara cyanoventris*
学名読み	タンガラ キアノヴェントリス
学名の意味	フウキンチョウ＋青い腹の
英名	Gilt-edged Tanager
英名読み	ギルト・エッジド・タナジャー
英名の意味	金色の＋縁の＋フウキンチョウ
漢字表記	黄顔風琴鳥
分類	フウキンチョウ科ナナイロフウキンチョウ属
全長	13cm
主な分布	ブラジル
撮影場所	ブラジル
撮影時期	2005年10月
撮影者	Mark Moffett

ギンノドフウキンチョウ

学　　名　*Tangara icterocephala*
学名読み　タンガラ イクテロケパラ
学名の意味　フウキンチョウ＋黄色の頭の
英　　名　Silver-throated Tanager
英名読み　シルバー・スローテッド・タナジャー
英名の意味　銀色の＋喉の＋フウキンチョウ
漢字表記　銀喉風琴鳥
分　　類　フウキンチョウ科ナナイロフウキンチョウ属
全　　長　13cm
主な分布　コスタリカ〜エクアドル
撮影場所　エクアドル　ミラドール・リオブランコ
撮 影 者　Tui De Roy

全身がほぼ黄色で、名前の由来となった銀白色の喉が美しいフウキンチョウ類の一種です。中央アメリカのコスタリカからエクアドルまでの湿った森林に生息しています。コスタリカでは標高600〜1700mくらいまでは普通に見られる種で、雨が多くなるともっと低いところまで下がります。数羽の群れで森の中層部を移動しながら暮らしています。果実を主に食べており、えさ台によく熟れた果物があると何羽もが集まることがあり、バードウォッチャーを喜ばせます。

チャボウシ
スミレフウキンチョウ

茶色の帽子を被ったスミレフウキンチョウ類の一種です。中央アメリカのコスタリカからパナマまでの山岳地帯にすんでいます。メジロほどの小さな鳥で、オスは頭頂が赤茶色で顔は真っ黒、背中はダークブルー、胸から腹にかけてレモンイエローの美しい姿です。メスはまったく違った色で、全身が淡い緑色です。本種がよく見られるコスタリカでは、カリブ海側の斜面の標高900～2000mまでの湿った森にすんでいます。それほど珍しい種類ではありませんが、フウキンチョウ類やアメリカムシクイ類の他種と一緒に行動していることが多く、ときには40種にもなります。そんな群れの中から本種の姿を探し出すのはなかなか大変です。学名のアンネ夫人は、アメリカの鳥類学者のエリオット博士の夫人の名前です。

学名	*Euphonia anneae*
学名読み	エウポニア アンネアエ
学名の意味	良い声の鳥＋アンネ夫人＊
英名	Tawny-capped Euphonia
英名読み	タウニー・キャップド・ユーフォニア
英名の意味	黄褐色の＋帽子をかぶった＋スミレフウキンチョウ
漢字表記	茶帽子菫風琴鳥
分類	アトリ科スミレフウキンチョウ属
全長	11cm
主な分布	コスタリカ～パナマ
撮影場所	パナマ　リオ・インディオ
撮影時期	10月
撮影者	Neil Bowman

＊ アンネ・イライザ・エリオット Anne Eliza Elliotに由来する。米国の鳥類学者・動物学者のダニエル・ジロー・エリオットDaniel Giraud Elliot(1835-1915)の妻(75ページ参照)

ハシブト
スミレフウキンチョウ

中央アメリカのコスタリカからブラジルのアマゾン川流域まで、とても広く分布するスミレフウキンチョウ属の一種です。スミレフウキンチョウ属の鳥は中央アメリカと南アメリカに27種がいて、黄色とスミレ色の鳥が多いです。本種はそのなかでもくちばしが太いという特徴がありますが、それでもわずかな違いしかないので見た目での判断は困難です。コスタリカではなかなか見られない鳥のようですが、エクアドルでは普通に見られるといいます。本種が属するスミレフウキンチョウ属は、かつてはフウキンチョウ科に分類されていましたが、現在はアトリ科とされています。しかし、研究者によって見解が異なり、再び元のフウキンチョウ科に戻される可能性もあります。

学名	*Euphonia laniirostris*
学名読み	エウポニア ラニイロストリス
学名の意味	良い声の鳥＋モズのくちばし
英名	Thick-billed Euphonia
英名読み	シック・ビルド・ユーフォニア
英名の意味	厚いくちばしの＋スミレフウキンチョウ
漢字表記	嘴太菫風琴鳥
分類	アトリ科スミレフウキンチョウ属
全長	10cm
主な分布	中央アメリカ、南アメリカ
撮影場所	エクアドル　タンダヤパ
撮影者	Michael and Patricia Fogden

アニアニアウ

黄色いハワイミツスイ類の一種。変わった名前は、本種のハワイでの呼び名です。別名コハワイミツスイともよばれます。一番小さなハワイミツスイで、体長10cm、体重は8gしかありません。オスは全身がからし色で、メスはやや淡い色合いです。ハワイ諸島のカウアイ島だけに分布しており、標高600m以上の湿った森に生息しています。ミツスイという名前のとおり、いちばんの食べものは花の蜜で、とくにオヒアレフアなどハワイ在来種の花を好んで訪れます。また、花の蜜だけでなく、果実や昆虫なども食べます。1830年に発見されてからその後50年間も見つからなかった鳥で、1960年まで詳しいことはほとんどわかっていませんでした。とても個体数が少なく、絶滅が心配されている鳥です。

学名	*Magumma parva*
学名読み	マグムマ パルワ
学名の意味	不明*＋小さい
英名	Anianiau
英名読み	アニアニアウ
英名の意味	本種のハワイ語の呼び名
分類	アトリ科コハワイミツスイ属
全長	10cm
主な分布	カウアイ島
撮影場所	アメリカ合衆国　ハワイ諸島　カウアイ島
撮影時期	2005年10月
撮影者	Jack Jeffrey

＊ ギリシア文字のgammaの謎めいた綴り換えという説や、命名者でオーストラリアの鳥類学者グレゴリー・マシューズGregory Mathews(1876-1949)のイニシャルを象徴したものとの説もある

カワリカマハシハワイミツスイ

学　　名　*Hemignathus wilsoni*
学名読み　ヘミグナツス ウイルソニ
学名の意味　半分の顎＋ウィルソン氏の＊1
英　　名　Akiapolaau
英名読み　アキアポーラーアウ
英名の意味　本種のハワイ語の呼び名＊2
漢字表記　変鎌嘴布哇蜜吸
分　　類　アトリ科ユミハシハワイミツスイ属
全　　長　14cm
主な分布　ハワイ島
撮影場所　アメリカ合衆国　ハワイ諸島　ハワイ島
撮影時期　2014年3月
撮 影 者　Jack Jeffrey

ハワイ島だけにすむハワイミツスイです。全身が黄色で、下向きに大きく湾曲した長いくちばしをもっています。ミツスイという名前ですが、じつはあまり花の蜜を吸うことはなく、この曲がったくちばしを使って幹の皮の下に隠れている昆虫を探し出して食べます。また、キツツキのように、くちばしを木に打ちつけて音を出すこともします。本種は1970年代まではそれほど数が少ない鳥ではありませんでしたが、島に持ち込まれたネコやネズミによって食べられたり、蚊が媒介する鳥マラリアに感染するなどして個体数が激減。現在は絶滅危惧種に指定されています。

＊1 スコット・バーチャード・ウィルソン Scott Burchard Wilson(1865-1923)、英国の鳥類学者で『ハワイの鳥類』を著した
＊2 長く湾曲した上嘴で幹の隙間をさぐり、短く真っ直ぐな下嘴で木に穴をあけ、虫を探し出して食べる嘴の使い方からハンマーヘッド(金槌頭)という意味

キイロマミヤイロチョウ

マダガスカルだけにすむ奇妙な小鳥です。オスは黄色と黄緑色の体で、頭は黒、目の周りにはコバルトブルーとエメラルドグリーンの肉ひだがあります。メスにはこの肉ひだがなく、黄緑と黄色の体に白い斑点模様があります。マダガスカル島北西部の海岸近くのやや乾燥した熱帯林に生息していて、花の蜜や果実、昆虫などを食べています。しかし、詳しい生態はよくわかっていません。学名や英名のシュレーゲルは、この鳥を発見したドイツの生物学者の名前です。マミヤイロチョウ類は、現在はヒロハシ科に属していますが、これまでタイヨウチョウ科、マミヤイロチョウ科と分類が変遷してきた鳥のグループです。

学名	*Philepitta schlegeli*
学名読み	ピレピッタ シュレーゲリ
学名の意味	ヤイロチョウに近い種の*1＋シュレーゲル氏の*2
英名	Schlegel's Asity
英名読み	シュレーゲルズ・アシティ
英名の意味	シュレーゲル氏の＋マミヤイロチョウ
漢字表記	黄色眉八色鳥
分類	ヒロハシ科マミヤイロチョウ属
全長	12.5～14cm
主な分布	マダガスカル
撮影場所	マダガスカル
撮影時期	2012年10月
撮影者	Doug McCutcheon

＊1 ハゲミツスイのフランス語名Philédonとヤイロチョウ*Pitta*の合成語

＊2 ヘルマン・シュレーゲル Hermann Schlegel(1804-1884)に由来する。ドイツの鳥類学者・動物学者でライデン王立自然史博物館の第二代館長。シーボルトらが日本で収集した動物を研究し、テミンク、デ・ハーンらと『日本動物誌』を執筆。日本産のシュレーゲルアオガエルにその名を残す

ニセタイヨウチョウ

学　　名　*Neodrepanis coruscans*
学名読み　ネオドレパニス コルスカンス
学名の意味　新しいハワイミツスイ＋きらめく
英　　名　Common Sunbird-asity
英名読み　コモン・サンバード・アシティ
英名の意味　普通の＋タイヨウチョウ＋マミヤイロチョウ
漢字表記　偽太陽鳥
分　　類　ヒロハシ科ニセタイヨウチョウ属
全　　長　9.5~10.5cm
主な分布　マダガスカル
撮影場所　マダガスカル　マロジェジ国立公園
撮 影 者　Nick Garbutt

下に曲がった長いくちばしで花の蜜を吸うなど、姿や習性がまるでタイヨウチョウのようですが、全く異なる種なので”ニセ“タイヨウチョウです。現在はヒロハシ科に分類されていますが、ちょっと前まではマミヤイロチョウ科だったので、研究者も位置づけがよくわからない鳥です。さすが不思議の島のマダガスカルには、なんとも奇妙な鳥がいるものです。マダガスカル島の東海岸近くの熱帯雨林にすみ、オスは体の上面が金属光沢のある青や緑で、下面は黄色、目の周りはコバルトブルーの皮膚が露出しています。メスは地味な緑色で、オスも繁殖期が終わるとメスと同じ色に変わります。

マミジロミツドリ

「眉が白い蜜鳥」というあまりぱっとしない名前ですが、英名の方は「バナナ終わらせ」という意味の変な名前です。とにかく甘い物に目がない鳥で、バナナも大好物。農園のバナナをつついて穴をあけてしまうことがあり、当然そのバナナには商品価値がなくなってしまいます。バナナを傷めて腐らせてしまうので、こんな名前がついたのかもしれません。メキシコから南米まで、とても広い地域に分布しており、なんと亜種が41もあります。いまだに分類が確定していない鳥で、フウキンチョウ科だったり、独立した科にされたり、研究者を悩ませる謎の鳥でもあります。生息地ではごく普通に見られる鳥で、ハチドリ用の砂糖水のえさ台に大群で押し寄せることもあるそうです。

学名	*Coereba flaveola*
学名読み	コエレバ フラウェオラ
学名の意味	現地の似た鳥の名前*1＋黄色い
英名	Bananaquit
英名読み	バナナクイット
英名の意味	バナナ終わらせ*2
漢字表記	眉白蜜鳥
分類	マミジロミツドリ科マミジロミツドリ属
全長	10.5~11cm
主な分布	中央アメリカ、西インド諸島、南アメリカ
撮影場所	ジャマイカ　リンステッド
撮影時期	4月
撮影者	Neil Bowman

＊1 現地トゥピ語Guira coerebaに由来し、小鳥や黒と黄色の鳥を意味する
＊2 英語でマミジロミツドリを意味し、バナナ色banana＋スズメ目の小鳥quitとの説もある

キバラ
タイヨウチョウ

アジアやオーストラリアで、最も普通に見かけるタイヨウチョウの一種です。和名はお腹の黄色、英名は背中のオリーブ色と、東洋と西洋で注目する部位が異なるのがおもしろいですね。でも普通なら、オスの喉のメタリックに輝く見事な青に目がいきます。メスは、喉もお腹と同じ黄色です。21亜種もあり、海岸沿いの低地から標高1700mまでの幅広い環境で見られる鳥で、公園や家の庭でも花の蜜を吸う姿をよく見かけます。ちょうど日本のメジロみたいな鳥です。食べものは花の蜜だけでなく、昆虫やクモもよく食べ、なんと米を食べた観察例まであります。

学名	*Cinnyris jugularis*
学名読み	キンニリス ユグラリス
学名の意味	尾を振る小鳥＋首に特徴のある
英名	Olive-backed Sunbird
英名読み	オリーブ・バックド・サンバード
英名の意味	オリーブ色の＋背中の＋タイヨウチョウ
漢字表記	黄腹太陽鳥
分類	タイヨウチョウ科キンニリス属
全長	10〜11.4cm
主な分布	中国、東南アジア、オセアニア
撮影場所	シンガポール
撮影者	Graeme Guy

チャノドコバシタイヨウチョウ

タイヨウチョウ類では比較的くちばしが短い、コバシタイヨウチョウ属の一種です。赤茶色の喉が名前の由来ですが、見る角度によっては茶色に見えないことがあります。お腹があざやかな黄色の鳥ですが、背後から見ると青い鳥です。頭から背にかけて、メタリックに輝く濃い青色のとても美しい色彩をしているからです。一方でメスにはオスのような輝く色はなく、地味な黄色とオリーブ色の鳥です。東南アジアに広く分布し、平地のマングローブ林などの幅広い環境で見ることができます。もちろん都市公園でも、花の蜜を吸う姿を見ることができる鳥です。

学名	*Anthreptes malacensis*
学名読み	アントレプテス マラケンシス
学名の意味	花に養われる（花を食べる）もの＋ マラッカ（マレーシア）産の
英名	Brown-throated Sunbird
英名読み	ブラウン・スローテッド・サンバード
英名の意味	茶色の＋喉の＋タイヨウチョウ
漢字表記	茶喉小嘴太陽鳥
分類	タイヨウチョウ科コバシタイヨウチョウ属
全長	12～13.5cm
主な分布	東南アジア
撮影場所	タイ　バンコク
撮影時期	2013年2月
撮影者	Robert Kennett

エジプト タイヨウチョウ

学名にメタリカとあるように、頭から背、翼がメタリックに輝く緑色、そしてお腹があざやかなレモンイエロー、2本の尾羽がすらーっと長く伸びたエレガントなタイヨウチョウです。しかし、こんなに美しいのも繁殖期の夏の間だけ。繁殖期以外の時期には自慢の尾羽も抜けて、メスと同じ地味な灰色の鳥になります。名前ではエジプトの鳥のように思えますが、エジプトだけでなく、ナイル川沿いや紅海沿岸にも広く分布しています。花の蜜が主食で、庭の花など園芸種を含めてさまざまな花を利用します。

学　　名	*Hedydipna metallica*
学名読み	ヘディディプナ メタッリカ
学名の意味	蜜を飲む鳥＋金属色の
英　　名	Nile Valley Sunbird
英名読み	ナイル・バレー・サンバード
英名の意味	ナイル＋谷＋タイヨウチョウ
漢字表記	埃及太陽鳥
分　　類	タイヨウチョウ科ヘディディプナ属
全　　長	17cm
主な分布	アフリカ北東部、アラビア半島
撮影場所	オマーン
撮 影 者	Ralph Martin

ミドリキヌバネドリ

図鑑のイラストを見ると緑色の鳥に思えますが、実際は木の高いところにとまっているのを見ることがほとんどで、お腹の黄色ばかりが目立つ鳥です。大きさはヒヨドリくらいですので、キヌバネドリとしては小型種です。本種の生息地はホンジュラスからコロンビアまでと、アマゾン川流域、ブラジル南西部の3カ所に分かれています。亜種が6あり、亜種によって尾羽の色が緑、青、茶色とバリエーションがあります。英名は喉が黒いことにちなみますが、喉が黒いキヌバネドリは他にもたくさんいるので、あまりふさわしい名前ではありません。あまり標高の高くない熱帯雨林にすんでいて、昆虫や果実を食べています。

学名	*Trogon rufus*
学名読み	トロゴン ルフス
学名の意味	かじるもの(キヌバネドリ)＊1＋赤い＊2
英名	Black-throated Trogon
英名読み	ブラック・スローテッド・トロゴン
英名の意味	黒い喉の＋キヌバネドリ
漢字表記	緑絹羽鳥
分類	キヌバネドリ科キヌバネドリ属
全長	23〜25cm
主な分布	中央アメリカ、南アメリカ
撮影場所	パナマ　メトロポリタン国立公園
撮影時期	2007年4月
撮影者	Oyvind Martinsen

＊1 Trogonは、ギリシア語trōgōnに由来し、かじるものの意味。朽ち木をかじって巣穴をつくったり、果物をかじることから
＊2 鳥類学ではrufus、rufa、rufumは、黄色からオレンジ色、茶色っぽい濃赤色、深紅色、紫色と広範囲の色を表す

キンムネオナガテリムク

学　　名	*Lamprotornis regius*
学名読み	ラムプロトルニス レギウス
学名の意味	輝く鳥＋王の
英　　名	Golden-breasted Starling
英名読み	ゴールデン・ブレステッド・スターリング
英名の意味	金色の＋胸の＋ムクドリ
漢字表記	金胸尾長照椋
分　　類	ムクドリ科テリムクドリ属
全　　長	30cm
主な分布	アフリカ北東部
撮影場所	タンザニア　セレンゲティ国立公園
撮 影 者	Thomas Marent

世界で最も美しいといわれるムクドリです。あざやかなお腹の黄色と金属光沢に輝く頭や背中、翼の青は、見る方向によって緑色にも変化します。さらに特筆すべきは、体と同じくらいある長い尾羽。スラッとした体型は、日本のムクドリと同じ科とは信じられません。しかし、いつも群れるのは日本のムクドリの行動と同じです。子育ても集団でおこない、前の年に巣だった若鳥が自分の親鳥のひなにえさを運ぶヘルパー行動が知られています。エチオピアからソマリア、ケニア、タンザニアのサバンナが生息地です。昆虫や果実が主な食べ物ですが、サファリキャンプのロッジのえさ台にもやってきます。

キムネオナガゴシキドリ

アフリカのサハラ砂漠の南に接するサバンナに生息する鳥です。黄色い体と赤いくちばしがとてもよく目立ち、背中や翼は黒く、白い水玉模様が散りばめられています。学名ではこの水玉模様を真珠にたとえています。オスとメスで色や形はほとんど同じですが、オスは喉に黒い部分があります。キツツキに近い種で、巣は木や土手に穴を掘ってつくります。雑食性で、果実など植物質のものから、バッタやコオロギなどの昆虫類、小さなトカゲなど、いろいろなものを捕らえて食べる鳥です。

学名	*Trachyphonus margaritatus*
学名読み	トラキポヌス マルガリタトゥス
学名の意味	荒々しい声の＋真珠で飾られた
英名	Yellow-breasted Barbet
英名読み	イエロー・ブレステッド・バーベット
英名の意味	黄色＋胸の＋ゴシキドリ
漢字表記	黄胸尾長五色鳥
分類	ハバシゴシキドリ科オナガゴシキドリ属
全長	21cm
主な分布	アフリカ中央部
撮影場所	エチオピア　ビレン
撮影者	Ignacio Yufera

ミドリサンジャク

学　　名　*Cyanocorax luxuosus*
学名読み　キアノコラックス ルクスウオスス
学名の意味　青いカラス＋豪華な
英　　名　Green Jay＊
英名読み　グリーン・ジェイ
英名の意味　緑＋カケス
漢字表記　緑山鵲
分　　類　カラス科ルリサンジャク属
全　　長　25〜27cm
主な分布　テキサス〜ホンジュラス
撮影場所　アメリカ合衆国　テキサス州
撮　影　者　Alan Murphy

北アメリカのテキサス州南部から中央アメリカのホンジュラスにかけて分布するカケスの一種。体の上面が黄緑色なので和名も英名も「緑色の鳥」という意味ですが、体の下面は美しいレモンイエローなので黄色い鳥に入れました。それよりも頭部の美しいコバルトブルーと、隈取りのような黒い模様の方が目をひきますね。乾燥した林から熱帯雨林まで幅広い環境で見られ、アメリカのテキサスでは庭のえさ台にたくさんやってくるところがあります。本種は2001年までは南アメリカに分布するインカサンジャクと同種と考えられていましたが、最新の分類で別種として分けられました。

＊1 Jayについては156ページ参照

ヒメオウゴンイカル

からし色の体にものすごく太い鉛色のくちばしが特徴の鳥です。翼は黒く白い斑点模様があります。メスはオスの色をくすませた感じです。開けた林や林縁部などで見られますが、ベネズエラやコロンビアでは標高1500〜2500mの山にすんでいます。エクアドルやペルーでは3500mもの高い山の上でも見られます。太いくちばしで植物の堅い種子を割って食べると考えられていますが、詳しいことはあまりよくわかっていません。名前には日本に生息するイカルが使われています。太いくちばしをもつなど、両種はそっくりの姿をしていますが、最新の研究ではあまり近い種ではないと考えられています。

学名	*Pheucticus chrysogaster*
学名読み	ペウクティクス クリソガステル
学名の意味	逃げる鳥＋金色の腹
英名	Golden Grosbeak
英名読み	ゴールデン・グロスビーク
英名の意味	金色の＋大きな円錐形のくちばしの鳥
漢字表記	姫黄金鵤
分類	ショウジョウコウカンチョウ科ムネアカイカル属
全長	21.5cm
主な分布	コロンビア〜ペルー
撮影場所	ペルー ランバイエケ県 チクラーヨ チャパリャ保護区
撮影時期	2010年7月
撮影者	Roland Seitre

キビタイシメ

学　　名	*Hesperiphona vespertina*
学名読み	ヘスペリポナ ウェスペルティナ
学名の意味	夕方の声＋夕方の
英　　名	Evening Grosbeak
英名読み	イブニング・グロスビーク
英名の意味	夕方＋大きな円錐形のくちばしの鳥
漢字表記	黄額鴲
分　　類	アトリ科ヘスペリポナ属
全　　長	18〜21.5cm
主な分布	北アメリカ
撮影場所	アメリカ合衆国　モンタナ州
撮 影 者	Donald M. Jones

とても太いくちばしをもつ、すすけた黄色の小鳥です。オスには、名前の由来となった目の上の部分に黄色い線があります。シメという変わった名前は日本にも生息する同じアトリ科の鳥の名前です。夏は北アメリカのカナダとの国境付近や高い山などの針葉樹の森で繁殖し、冬は全米の平地に降りてきて越冬します。主な食べ物は植物の種子で、とくにヒマワリの種が大好きです。えさ台にヒマワリの種を置いておくと、本種が来て独占してしまうこともあります。1800年代半ばまで、本種はロッキー山脈より東ではまれな鳥でしたが、1910年以降、分布域を東へどんどん拡大し、1920年代には北アメリカの東海岸でも越冬するようになりました。学名も英名も夕方という意味の名前がついていますが、これは昔、この鳥が夕方に食べ物をとるという迷信があったことに由来します。

ハリオマイコドリ

アマゾンのジャングルにすむマイコドリです。黄色と黒の体に赤い帽子をかぶっているのがオス、メスはものすごく地味な暗いオリーブ色の鳥です。オスの尾羽の先は糸のように細く伸びていて、この特徴が名前になっています。この尾羽、じつはオスにとってとても重要なもの。求愛ダンスを踊るとき、メスにアピールする部分だからです。姿勢を低くし、背中の羽毛を逆立てながら、枝の上を後ずさりするように小刻みに飛び跳ね、この長い尾羽をメスに見せつけるように踊ります。踊り場には多いときには、12羽ものオスが集まって、かわるがわるダンスを踊って求愛します。このユニークな求愛の様子は、動画サイトなどで見ることができます。

学名	*Pipra filicauda*
学名読み	ピプラ フィリカウダ
学名の意味	キツツキ＋糸のような尾
英名	Wire-tailed Manakin
英名読み	ワイア・テールド・マナキン
英名の意味	針金＋尾の＋マイコドリ
漢字表記	針尾舞子鳥
分類	マイコドリ科マイコドリ属
全長	10.7～11.5cm
主な分布	南アメリカ
撮影場所	エクアドル　ヤスニ国立公園
撮影者	Pete Oxford

キノドマイコドリ

学名	*Manacus vitellinus*
学名読み	マナクス ウィテッリヌス
学名の意味	こびと*＋黄色の
英名	Golden-collared Manakin
英名読み	ゴールデン・カラード・マナキン
英名の意味	金色の＋襟の＋マイコドリ
漢字表記	黄喉舞子鳥
分類	マイコドリ科シロクロマイコドリ属
全長	10～12cm
主な分布	パナマ～コロンビア
撮影場所	パナマ　ガンボア
撮影時期	2016年3月
撮影者	Juan Carlos Vindas

パナマとコロンビアのよく成熟した熱帯雨林に生息している、マイコドリ科の一種です。オスは帽子をかぶったような頭部の黒と、首と喉のあざやかなレモンイエローの羽が目立ちます。とくに喉の羽はふさふさで、求愛のときには逆立ててアピールします。メスは地味な暗い緑色の鳥です。マイコドリは、種ごとに求愛ダンスのやり方が異なりますが、本種のダンスはかなりユニークな方法です。数羽のオスが集まり、地面近くを木から木へ高速でめまぐるしく飛び移ります。このとき、指を打ち鳴らすような「パチン」という音を発します。メスはより速く飛び移ることができるオスを魅力的だと感じるそうです。

＊ Manacusは、英名のManakinマナキンに由来し、そのオランダ語の語源mannekenも「小さい男」を意味する

キンイロヒタキ

名前のとおり、オスは金色のゴージャスな装いの鳥。目の周りが黒く、サングラスをしているみたいです。メスにはこのサングラスはありませんが、やはり金色の鳥です。雌雄とも尾羽が短く、日本のコマドリのようなプロポーションの鳥です。夏は標高3000～4600mの高山の灌木が茂る岩場にいます。警戒心が強く、やぶからなかなか姿を見せてくれません。冬は標高2000mくらいまで下がりますが、やはり暗い森のやぶが好きで、シャイな性格は変わりません。本種が属するルリビタキ属は足が長いのが特徴で、学名はそれにちなみます。地上でよく行動するため、長い足は便利なのでしょう。少し高いところから、ぱっと地上に降りて、虫を捕まえる光景をよく見ます。

学名	*Tarsiger chrysaeus*
学名読み	タルシゲル クリサエウス
学名の意味	特徴のある足をもつ＊＋金色の
英名	Golden Bush Robin
英名読み	ゴールデン・ブッシュ・ロビン
英名の意味	金色＋やぶ＋コマドリ(ヒタキ)
漢字表記	金色鶲
分類	ツグミ科ルリビタキ属
全長	14～15cm
主な分布	ヒマラヤ、インド
撮影場所	インド　アルナーチャル・プラデーシュ州
撮影時期	1月
撮影者	Neil Bowman

＊1 Tarsigerは、ラテン語で跗蹠(ふしょ)の挙動・動きを意味する。跗蹠は、趾(あしゆび)の付け根からかかとまで、ヒトの足の甲にあたる部分。それを上に伸ばし直立したように枝にとまる姿からの命名

キイロオーストラリアヒタキ

学名	*Epthianura crocea*
学名読み	エプティアヌラ クロケア
学名の意味	小さな尾の＋サフラン色の
英名	Yellow Chat
英名読み	イエロー・チャット
英名の意味	黄色＋ヒタキ（おしゃべり鳥）
漢字表記	黄色豪州鶲
分類	ミツスイ科オーストラリアヒタキ属
全長	11〜12cm
主な分布	オーストラリア
撮影場所	オーストラリア
撮影時期	2010年11月
撮影者	Eric Sohn Joo Tan

オーストラリアだけにすむ固有種です。ヒタキと名前がついていますが、ヒタキ科と類縁関係はなく、ミツスイ科に分類されています。オーストラリアの中央部から北部にかけて、広い範囲に局地的に分布。オスはほぼ全身が黄色で、背中や翼はすすけた黄色、胸には黒いよだれかけのような模様があります。メスは灰色の地味な色の鳥です。湿地性の鳥で、川や沼の近くの湿地や海岸のマングローブ林などで見られますが、大雨によってできた砂漠の塩湖で、一時的に植物が生えたところなどにも姿をあらわします。体の代謝を下げる特別な能力をもち、オーストラリア内陸部の過酷な高温と乾燥に耐えることができます。

ムネアカハナドリモドキ

東南アジアのマレー半島、スマトラ島、ジャワ島、ボルネオ島（カリマンタン島）の森に生息するとても小さな鳥です。オスは、黄色い胸にまるで血がにじんだような赤い部分があり、名前の由来となっています。頭の上にも、赤い小さな帽子が乗っているのがわかりますか？これもワンポイントです。本種は平地のフタバガキの森やマングローブなどが主なすみかですが、都市公園でも普通に見ることができます。小さな体で枝をちょこまか素早く動きまわり、じっとしていることはあまりありません。主な食べものは小さな果物で、ヤドリギやイチジクなどの果実が好物です。生態など詳しいことがあまりわかっていません。

学　　名	*Prionochilus percussus*
学名読み	プリオノキルス ペルクッスス
学名の意味	鋸歯状のくちばし＋つつくもの
英　　名	Crimson-breasted Flowerpecker
英名読み	クリムゾン・ブレステッド・フラワーペッカー
英名の意味	深紅＋胸の＋ハナドリ
漢字表記	胸赤花鳥擬
分　　類	ハナドリ科ハナドリモドキ属
全　　長	10cm
主な分布	東南アジア
撮影場所	マレーシア　タマンネガラ国立公園
撮 影 者	John Holmes

キノドミドリヤブモズ

学　　名　*Telophorus zeylonus*
学名読み　テロポルス ゼイロヌス
学名の意味　遠くに運ぶもの*＋セイロン（スリランカ）の
英　　名　Bokmakierie
英名読み　ボクマキーリ
英名の意味　本種の鳴き声からついた名前
漢字表記　黄喉緑藪百舌
分　　類　ヤブモズ科キノドミドリヤブモズ属
全　　長　22〜24cm
主な分布　南アフリカ
撮影場所　南アフリカ　西ケープ州　喜望峰
撮影時期　9月
撮 影 者　Ignacio Yufera

アンゴラ、ナミビア、南アフリカの開けたやぶにすむ鳥です。オスもメスも同じ色で、黄色い体に目から連なるネックレスのような黒い線がとてもよく目立ちます。南アフリカでは、街のなかでもごく普通にみる種で、庭の植え込みの上にとまっている姿をよく見かけます。モズという名前がつけられていますが、モズに近い種ではありません。本種は、口笛のような音色の美しい声で鳴くことで有名です。写真はやぶの上にとまって鳴いているところ。英名のボクマキーリという変わった名前は、鳴き声がそう聞こえることからつけられました。オスとメスでデュエットする行動が知られています。

*1 他説もあり当初、記載者による名前の起源の説明はなかったものの、発見・命名したウィリアム・ジョン・スウェインソンWilliam John Swainson(1789- 1855)は、後にTelephonus、ギリシア語で「完全な声」の名称を使っていたという。スウェインソンは、イギリスの鳥類学者、博物画家

キンムネホオジロ

ライオンやシマウマがすむアフリカのサバンナにいるホオジロ科の一種。日本にもいるシマアオジやミヤマホオジロに近い鳥です。オスは、黒い顔に白い線が5本走っているなかなか個性的な顔つきをしています。喉から腹にかけては美しいレモンイエローで、胸のあたりは少し濃くなっていて金色に見えます。メスも基本的には同じ配色ですが、顔は淡い黒褐色です。主な食べ物は草の種子で、イネ科の植物がたくさん生えるサバンナは、種子を食べる鳥にとって食べ物の宝庫です。ペットとして飼育されることがあります。

学　名　*Emberiza flaviventris*
学名読み　エムベリザ フラウィウェントリス
学名の意味　ホオジロ＋黄色い腹の
英　名　Golden-breasted Bunting
英名読み　ゴールデン・ブレステッド・バンティング
英名の意味　金色の＋胸の＋ホオジロ
漢字表記　金胸頬白
分　類　ホオジロ科ホオジロ属
全　長　15〜16cm
主な分布　サハラ砂漠以南のアフリカ
撮影場所　南アフリカ　ジマンガ私営動物保護区
撮影者　Wim van den Heever

キアオジ

学　　名　*Emberiza citrinella*
学名読み　エムベリザ キトリネッラ
学名の意味　ホオジロ＋レモン色の
英　　名　Yellowhammer＊
英名読み　イエローハマー
英名の意味　黄色い羽の鳥
漢字表記　黄青鵐
分　　類　ホオジロ科ホオジロ属
全　　長　16cm
主な分布　ユーラシア西部
撮影場所　ドイツ　フェヒタ
撮 影 者　Willi Rolfes

ヨーロッパから中央アジアに生息する黄色いホオジロ科の鳥です。大きさはスズメとほぼ同じ。オスは顔や喉、胸から腹にかけてがあざやかなレモンイエローで、純白の雪の中では黄色がいっそう映えます。メスは黄色が淡く、スズメと似たような茶色っぽい鳥です。草原や林縁などの開けたところで見られます。基本的にはあまり渡りをしませんが、寒い地方で繁殖する鳥は、冬には南へ移動します。日本でも日本海側の離島で見られることがあり、広島県や大分県では越冬した記録があります。ただ、日本で見られるキアオジはあまり黄色が濃くないことの方が多いようです。近縁のシラガホオジロと交雑することが知られています。ニュージーランドでは人が放した本種が野生化しています。

＊ Yellowhammer は16世紀から使われている英語で、hammerは、おそらく羽を表す古英語hamaに鳥の一種を表すamoreが合成されたものであろう

ケープとは南アフリカの喜望峰のこと。本種の名は、喜望峰のある南アフリカにいるハタオリドリという意味です。その名の通り、南アフリカとその周辺にだけ分布しています。オスはあざやかなレモンイエローの体で、顔と喉が濃い茶色です。メスはあまり黄色みが強くなく、地味な色合いです。サバンナのアカシアの木の枝先に、草を編んでつくった巣をぶら下げます。巣をつくるのはオスの仕事。メスは巣のできばえでオスを選びます。メスは巣が気に入らないと、まれに壊してしまうこともあり、オスはつくり直しを命じられます。ハタオリドリの社会は、オスにとってなかなか厳しい世の中のようです。

学名	*Ploceus capensis*
学名読み	プロケウス カペンシス
学名の意味	巣を編む鳥＋喜望峰産の
英名	Cape Weaver
英名読み	ケープ・ウィーバー
英名の意味	喜望峰＋ハタオリドリ
漢字表記	喜望峰機織
分類	ハタオリドリ科ハタオリドリ属
全長	18cm
主な分布	南アフリカ
撮影場所	南アフリカ　西ケープ州　ステレンボッシュ
撮影者	Jurgen & Christine Sohns

ケープハタオリ

オオカナリア

学　　名	*Crithagra sulphurata*
学名読み	クリタグラ スルプラータ
学名の意味	大麦の実をとる＋硫黄色の
英　　名	Brimstone Canary
英名読み	ブリムストーン・カナリー＊
英名の意味	硫黄＋カナリア
漢字表記	大金糸雀
分　　類	アトリ科クリタグラ属
全　　長	13.5〜16cm
主な分布	アフリカ東部〜南部
撮影場所	南アフリカ　カラハリ砂漠
撮 影 者	Philippe Clement

黄色い鳥といえばカナリアです。最後に真打ち登場という感じでしょうか。ところが本種は最新の分類で、本家のカナリアとは異なるグループに分けられてしまうという状況にあります。日本語の属名も未だ決まっていません。本種はアフリカのケニアやタンザニアから南アフリカまでの広い地域に、不連続な分布をしています。開けたサバンナよりも木が多い場所で見られ、街の公園にもすんでいます。オスはあざやかな黄色い鳥で、英名はこの黄色を硫黄の色にたとえています。メスも黄色い鳥ですが、ややすすけた色合いです。カナリアといえば綺麗な声で鳴くことで有名ですが、本種も鳴き声がとても美しく、鈴を転がすような涼しげな声でさえずります。

＊ カナリアは生息地のカナリア諸島の名に由来するが、カナリア諸島の名はある一島に産した巨大な犬canisの名にちなむ。canisは、ラテン語による犬の古名で、現在ではオオカミを含むイヌ属の属名にもなっている

秒速30万キロのラブレター

赤いジャケットに身を包み、アルファロメオに颯爽と乗り込む。余裕の笑みを浮かべて走り去る。時には青いジャケット、時にはピンクのジャケット、彼はオシャレを欠かさない。ルパン三世は男の憧れである。

怪盗のくせに目立ってどうする。泥棒稼業がそんな服装とは、笑止千万。子供だましのフィクションはお気楽なことで結構ですねと薄笑いを浮かべる本業の怪盗の方もおられるかもしれない。しかし野生の鳥を見れば、その認識がとらやの羊羹のごとくに甘いことに気づき赤面すること間違いない。

鳥類がしばしば目立つ色彩を選んでいることは周知の通りだ。野生の世界は甘くない。もちろん目立てば捕食者に見つかりやすくなる。色素を獲得するためには余計なエネルギーも必要だ。ルパン三世と同様に、時には命に関わるコストが存在するのだ。

それでも鳥は美しい。コストを上回る利益がなければ、そんな姿が進化するわけはない。世界には1万種を超える鳥たちが様々な色彩を惜しげなく披露しているが、これはそこにコスト以上の利益があることの証左である。

色彩は、他者の視線にさらされて磨かれていく。異性の目、同性の目、他種の目、捕食者の目、獲物の目、無限の目の中で進化する。視線の主が異なれば、そこで色彩が果たす役割も異なってくるはずである。

鳥では、雄が派手で雌が地味というパターンが特徴的である。色が違うということは、雄と雌のそれぞれにとって、異なる機能があるということに他ならない。

身近な鳥を見回すと、カモはそんな鳥の代表である。カモの中のカモと言えば、もちろんマガモであり、古来より青首と呼ばれ舌鼓とともに親しまれている。しかし青首と呼ばれるのは頭が緑色に輝く雄のみで、雌は地味な褐色をしている。一般に鳥の世界では雌が雄を選ぶことでペアが成立する。雄の色彩は光速で伝達する恋文なのである。

一方で、雌の地味な褐色がカモフラージュになっていることは想像に難くない。マガモは植物質を好む雑食性で、水草や植物の種子などをよく食べる。襲い来る鳥を見て逃げていく植物はマンドラゴラぐらいなので、彼らのカモフラは獲物に気付かれないためではなく捕食者への対策だろう。マガモに限らず、コガモもオナガガモも雌はたいてい褐色をしている。

マガモはおいしい。ロースト、テリーヌ、オレンジソース煮、もっと不味く生まれれば襲われることもなかったろうが、雄も雌と同じく捕食者に襲われるリスクを負うはずだ。雄にとって目立つことは命がけの行為なのだ。

できることなら自分も保護色に生まれたかったと嘆く雄もいるかもしれない。しかし、水草ばかり食べて草食系らしく目立たず恋せず生きていても、そんな遺伝子は残らない。残るのは挑発的に着飾ってなお生き残る優秀な個体の子孫だけだ。そこにはリスクを冒して着飾る利益が確かにあるのだ。ルパン三世が手に入れたいのは財宝だけではない。命がけで不二子にアピールしているのである。

ところでマガモとコガモを見比べると、コガモの頭はマガモとは違って茶色地に緑のレスラーマスクのような模様だ。カモの雌は種間で似ていることが多いが、雄は全く異なる色彩を持つ。これは雌が同種の雄を見間違わないよう進化してきた結果だろう。

川上和人
森林総合研究所・鳥獣生態研究室

カモの仲間は雑種ができやすい傾向がある。雑種ができれば子孫の姿は中途半端になり、恋愛戦線で不利きわまりなく将来性が危ぶまれる。このため、種間交配はしないにこしたことはない。雄の衣装には、種間差を際立たせる機能もあると考えられる。

華麗な雄は雌の視線を、種特異的な色彩は他種の視線を、雌のカモフラは捕食者の視線を意識した進化だ。人間をも楽しませる鳥の色彩は、鳥自身の視線で熟成されてきたのだ。

ほうほう、もっともらしいことを言いよるわい。では、スズメはどうなのだ？

確かにスズメは雄も雌も同じ姿をしていて、性別を見分けることは容易でない。おそらく、ここには彼らなりの理由があるのだろう。

スズメでなくとも雄雌が似た鳥は少なくない。メジロにツグミにムクドリにシジュウカラにヒヨドリにハシブトガラス、いずれも雌雄の見分けは難しい。そこにももちろん何か理由があるはずだ。

雌雄で似ているということは、お互いに相手を同種だと認識する必要性が高いということだ。そういえば、これらの鳥はよく大きな群れを作る。彼らは大群を作りやすくするため、雌雄を問わずお互いが同種であるという信号を発しているのかもしれない。

一般に大きな群れを作ることは、生存のための利益になると考えられている。大きな群れは目立ってしまい捕食者に見つかりやすいが、いざ襲われた時にやられるのはおそらく自分ではなく赤の他人である。また、同じ食物を一緒に探せば効率よく見つけられるだろう。

シジュウカラの仲間は、他種を含む混群を作ることがある。混群には似た色彩の鳥が参加しやすい傾向があり、シジュウカラの混群ではヒガラやコガラなど外見の似た鳥がよく見られる。視覚でコミュニケーションをする鳥にとって、外見の類似は仲良くなる大切なきっかけなのだ。

実は前述のカモの仲間もよく群れを作る。しかしカモは雌雄で姿が大きく異なっている。カモの場合は体が大きく動きが機敏でないため、捕食による危険性がより高くなり、雌の保護色へのこだわりが強いのかもしれない。保護色の利益と群になる利益の間で、乙女心が揺れているのだ。

さて、それでは雌雄同色のスズメはどうやって異性にアピールするのだろう。最近の研究でこの点について新たな情報がもたらされた。雄のスズメでは、頬の黒い斑点の大きさが血中の赤血球の量と関係があるというのだ。赤血球の量は取り入れられる酸素の量を反映すると考えられるため、頬斑を見ればより活発な雄を見つけられるというわけだ。頬斑は雌へのラブコールなのかもしれない。

それだけではない。人間は三色型色覚なので赤青緑の三色で世界を捉えるが、鳥は紫外線も見える四色型色覚を持つ。人間には同じ姿に見えても、実は紫外線領域では異なる色をしている場合があるのだ。たとえば、アオガラという鳥では頭の羽毛の紫外線の反射の仕方が雌雄で違うことが知られている。

私たちが見ている鳥の姿は十分にきらびやかだが、彼らが見ている世界はさらに輝いているのである。

黒の魅惑と、黒の魔力

街道をバイクが走る姿を見ていると、それはもう鳥にしか見えない。カラフルなマシンが、哺乳類のごとき四輪車を置いてきぼりにしながら、ひらひらと走り抜けていく。乗り手の好みに合わせた豊かなカラーバリエーションは、種ごとに多様な色彩をもつ鳥類の姿を彷彿とさせる。

しかし、その姿に一カ所だけ違和感がある。タイヤだ。どのマシンを見ても真っ黒。自動車を見ても自転車を見ても、やはりタイヤは真っ黒。百年前からずっと真っ黒だ。ショッカーでもあるまいし、なぜこんなに黒ばかりなのだ。

「黒は女を美しく見せるのよ」

その意見には激しく賛成するが、タイヤは足回りの外見を引き締めるために黒いわけではない。これは機能に基づく黒である。タイヤはゴムでできているが、その強度を増すために黒い炭素の微粒子が混ぜられている。耐久性の高さという機能に、黒という色が付属してきたのだ。

これはタイヤだけの話ではない。鳥の色素にも機能的な意義がある。

鳥には、背中の色が濃く腹側が淡いという配色が多い。スズメもヒバリもカッコウもタカもみんなそうだ。それどころか、哺乳類や爬虫類も同じパターンを踏襲している。では、人間はどうだろう。人間は首から下は肌色で、背中の色が濃いとはいえない。その代わり、頭頂部に肌色よりも濃い髪の毛をまとっている。共通点は、天に濃色を差し出しているという点だ。

日本の天照大神、ギリシャのアポロン、アステカのケツァルコアトル、古代より世界各地で太陽神は畏怖と共にあがめられている。彼らがもつ強大な力の基盤をなすのは、もちろん紫外線である。

日焼けした小麦色のマーメイドは魅力的だが、紫外線を浴び過ぎるとDNAが損傷してしまう。これは人間に限った話ではない。一般に紫外線の強い低緯度地域では動物の体色が濃くなることが知られている。これは体内でメラニン色素が生成されるためで、グロージャーの法則とよばれる。メラニン色素は紫外線を吸収する性質をもつため、体表面で鎧と化して内部を守れるのである。鳥の羽毛の褐色や黒色を演出しているのはやはりメラニン色素だ。彼らの羽色はUVカットプロテクターとして機能しているのである。

この耐紫外線効果は、羽毛だけでなく嘴にも作用しており、嘴の色が黒い方がより開放地に適応していると考えられている。鳥の絵を描くときしばしば嘴を黄色く塗ってしまうが、実際には鳥は黒い嘴をもつ種が多い。せめてカラスの嘴を黄色く塗るのはやめてあげてください。

黒色は白色に比べて太陽光で暖まりやすいため、黒い羽毛も温度の上昇が期待される。全身黒づくめで炎天下を歩き回れば、熱中症と引き替えにその絶大な効果を実感できるわけだが、鳥もこの作用を利用している可能性がある。

水辺の鳥には黒い種が多い。カワウやウミウはさることながら、オオバンやクロアジサシ、クロウミツバメにクロアシアホウドリ、水辺には多くの黒い鳥がいる。水に潜れば体温が奪われるし、羽毛も濡れてしまう。しかし、太陽光の力を効率よく借りれば、温めも乾燥も容易になるだろう。特にウ類は羽毛が濡れやすい性質がある。ウ科の鳥がのきなみ真っ黒なのは、この効

川上和人
森林総合研究所・鳥獣生態研究室

果のために違いあるまい。逆にカッパの皿は白色を呈しているが、これは太陽光を反射して温度の上昇を防ぐための適応である。お皿をさわるとヒンヤリしているはずだ。

メラニン色素のプロテクト効果は、対紫外線兵器としてのみならず、物理的な防御装置としても発揮されている。

鳥が翼を広げた姿を見ると、しばしば翼の先端部や縁が黒色になっている。身近なところではアオサギやハクセキレイ、図鑑で調べてみるとアホウドリやツル、カモ、タカなどに広く見られるパターンだ。逆に、内側が黒く辺縁が白という配色は少数派だ。

メラニン色素は、羽毛の構造を強化する。色素が入っていない白色部に比べてメラニン色素が入っている黒色部は摩耗に強いのである。車のタイヤと同じような状況と思ってもらいたい。

鳥にとって翼は空を飛ぶための器官だ。特に飛翔に用いられる風切羽は飛翔パーツとして最重要の部位だが、空気や水、植物や地面など、さまざまな物質との摩擦によりすり減りやすい。しかし、そこにメラニン色素を配置すれば、それだけで羽毛が強化されて摩耗しにくくなる。もし白黒まだらの羽毛を見つけたら、その構造をじっくり観察してほしい。それが酷使された羽毛なら、白色部のみがすり減っている様子が見られるはずだ。

メラニンの快進撃はまだまだ止まらない。メラニンが多く含まれていると、羽毛を劣化させるバチルス細菌に対する耐性が強くなる。カラスやコンドルなど、腐肉食性の鳥には黒い羽衣をもつものが多いが、耐摩擦性も含めた色素の防御力に支えられた特性といえよう。

メラニン色素だけではない。鳥の赤や黄色を演出するカロテノイド色素にも、UV耐性の機能があることが知られている。カロテノイドは羽毛だけでなく皮膚にも含まれており、キジ目やツル、トキやペリカンなどの肌の裸出部に分布している。羽毛に守られていない素肌を紫外線から防御しているのだ。この効果は、人間が使うサプリメントとしても利用されているので、薬剤師さんとの合コンネタとして御活用いただきたい。

多くの鳥の赤色を司っているのはこのカロテノイドだが、インコ類ではプシタコフィブリンという別の色素によって色が演出されている。こちらの色素もバチルス細菌に対する耐性が強いことが知られている。

鳥の色彩の進化の背景には、ディスプレイや保護色などの視覚的効果が大きな役割を果たしていることは間違いない。しかし、色素には単なる視覚効果以上の機能が隠されているのだ。野生の世界では、低いコストで高い利益を得るものが生き残り、進化していく。色彩も単に見られるためだけではなく、厳しい野生の世界で生存を保証する副産物的な機能をもっていたからこそ、多くの種に採用されてきたのだろう。

我々の目に映る鳥の姿は、生存競争の末に得られた切磋琢磨の象徴である。次に鳥を見るときには、美しさの後ろに見え隠れする進化の歴史にも思いを馳せてほしい。

INDEX

カッコ書き（ ）のページは、その用語の定義を記載している

写真提供

【アフロ】

Rolf Nussbaumer/ FLPA(6)、Gabbro/ alamy stock photo(18)、Ray Wilson / alamy stock photo(20、136)、Robert Kennett / alamy stock photo(34、70、230)、M. Watson / ardea(40)、Gianpiero Ferrari / FLPA(52)、Kenneth W Fink / ardea(56)、Papilio / alamy stock photo(57)、Douglas Peebles / alamy stock photo (64)、B. fotolincs / alamy stock photo(68)、G. Thomson / Science Source / ardea (71)、Avesography / alamy stock photo(76)、Anup S blickwinkel / alamy stock photo(85)、Glenn Bartley / alamy stock photo(80、138、140、141、145、177、217、218、219)、Christian Kapteynl / alamy stock photo(90-91)、Jean Michel Labat / ardea(93)、Koenig / alamy stock photo (94)、Krys Bailey / alamy stock photo(95)、Suzanne Long / alamy stock photo(96)、Alan Novelli / alamy stock photo (98-99)、Gay Bumgarner / alamy stock photo(101、103)、John S. Dunning / ardea(109)、Anthony Mercieca / ardea(116)、Oscar Dominguez / alamy stock photo(124)、Matthias Markolf / alamy stock photo(129)、Octavio Campos Salles / alamy stock photo(132-133)、Gregory Guida / Anthony Mercieca / ardea(134)、Mike Lane / alamy stock photo(149)、Robert Bannister / alamy stock photo (153)、Huetter / FLPA(154)、Alain Compost / FLPA(155)、Rick & Nora Bowers / alamy stock photo (159)、Jurgen & Christine Sohns / FLPA(162)、Wegner / alamy stock photo(166)、Bill Coster / alamy stock photo(173、207)、Paul Sutherland / alamy stock photo(178-179)、Linda Freshwaters Arndt / alamy stock photo(181)、Craig K.Lorenz / ardea(182)、Jim Zipp / ardea(185)、William Leaman/ alamy stock photo(190)、Robin Chittenden / FLPA(202)、Hinze / alamy stock photo(206)、Doug McCutcheon / alamy stock photo(226)、Neil Bowman / alamy stock photo(228)、Oyvind Martinsen / alamy stock photo(232)

【アマナイメージズ】

Daan Schoonhoven / Buiten-beeld / Minden Pictures(5)、Murray Cooper / Minden Pictures(7、19、110、135)、Jack Jeffrey / BIA / Minden Pictures(8、9、224、225)、Tim Laman / NaturePL(10、54)、Hermann Brehm / NaturePL(11)、Alan Murphy / BIA / Minden Pictures(12、13、69、184、186、192、200、201、235)、Rolf Nussbaumer / NaturePL(14)、Glenn Bartley / BIA / Minden Pictures(15、21、107、111、112、158、188)、Melvin Grey / NPL(16)、Neil Bowman / FLPA / Minden Pictures(17、24、33、51、75、115、119、130、151、152、222、240)、Rob Drummond / BIA / Minden Pictures(22、23、25、106)、James Lowen / FLPA / Minden Pictures(26)、Martin B Withers / FLPA / Minden Pictures(27、126)、J-L Klein & M-L Hubert(28)、Wil Meinderts / Buiten-beeld / Minden Pictures(29)、Greg Oakley / BIA / Minden Pictures(30、37、78、204、211)、David Hosking / FLPA / Minden Pictures(31、59、171)、Sebastian Kennerknecht / Minden Pictures(32)、Biraj Sarkar / BIA / Minden Pictures 35)、Tui De Roy / Minden Pictures(36、87、137、170、221)、Heike Odermatt / Minden Pictures(38)、John Holmes / FLPA / Minden Pictures(39、46、122、123、128、242)、Michael Quinton / Minden Pictures(41)、Dr. Axel Gebauer / NaturePL(42)、Marie Read / NaturePL (43、180)、Daniele Occhiato / Buiten-beeld / Minden Pictures(44)、Jan Wegener / BIA / Minden Pictures(45、61、63、209)、Wild Wonders of Europe / Schandy / NaturePL(47)、Bill Coster / FLPA / Minden Pictures(48)、Dave Watts / NaturePL(49、208)、David Tipling / FLPA / Minden Pictures(50)、Wim van den Heever / NaturePL (53、244)、Pete Oxford / NaturePL(55、131、238)、Krystyna Szulecka / FLPA / Minden Pictures(58)、Martin Willis / Minden Pictures(60、79、120、168)、GTW / FLPA(62)、Jurgen and Christine Sohns / FLPA / Minden Pictures(65、203、210、246)、Dong Lei / NaturePL(66、81、125)、Chien Lee / Minden Pictures(67、121)、Pete Oxford / Minden Pictures(72-73、163)、Kevin Elsby / FLPA / Minden Pictures (77、114)、Avi Meir / BIA / Minden Pictures(82)、Ann & Steve Toon / NaturePL(83)、ZSSD / Minden Pictures(84)、Anup Shah / NaturePL(86)、Jan van der Greef / Buiten-beeld / Minden Pictures(88)、Jeff Vanuga / NaturePL(89)、Roland Seitre / Minden Pictures(92)、Jeffrey Van Daele / NiS / Minden Pictures(97)、Luiz Claudio Marigo / NaturePL(102、113、143、144)、Karl Seddon / BIA / Minden Pictures(104)、Graeme Guy / BIA / Minden Pictures(105、229)、Roger Tidman / FLPA / Minden Pictures(108)、Barry Mansell / NaturePL(117、191)、Andres M. Dominguez / BIA / Minden Pictures(118)、Bernd Rohrschneider / FLPA / Minden Pictures(127)、Juan Carlos Vindas / BIA / Minden Pictures(139、146、239)、PIXTA(142)、Otto Plantema / Buiten-beeld / Minden Pictures(147)、Konrad Wothe / Minden Pictures(148)、Sean Crane / Minden Pictures(150)、Donald M. Jones / Minden Pictures(156、237)、S and D and K Maslowski / FLPA / Minden Pictures(157、183)、Hugh Lansdown / FLPA / Minden Pictures(160)、Nick Garbutt / NaturePL(161、227)、Robin Chittenden / FLPA / Minden Pictures(164)、Brigitte Marcon / Biosphoto(165)、Michael Durham / NaturePL(167)、Michael and Patricia Fogden / Minden Pictures(169、223)、Mathias Schaef / BIA / Minden Pictures (172)、Dietmar Nill / NaturePL(174-175)、Glenn Bartley/Visuals Unlimited, Inc.(187)、Scott Leslie / Minden Pictures(189)、TIM LAMAN/National Geographic Creative(193、194-195)、Henny Brandsma / Buiten-beeld / Minden Pictures(196-197)、Ben Hall / NaturePL(198)、Colin Varndell / NaturePL (199)、Alan Murphy / BIA / Minden Pictures(200、201)、Gianpiero Ferrari / FLPA / Minden Pictures (205)、Rod Williams / NaturePL(212)、D. Parer and E. Parer-Cook / Minden Pictures(213)、Paul D Stewart / NaturePL(214)、Bob Steele / BIA / Minden Pictures(215)、Gabriel Rojo / NaturePL(216)、Mark Moffett / Minden Pictures(220)、Micheal and Patricia Fogden / Minden Pictures(223)、Ralph Martin / BIA / Minden Pictures(231)、Thomas Marent / Minden Pictures(233)、Ignacio Yufera / FLPA / Minden Pictures(234、243)、Roland Seitre / NaturePL(236)、Eric Sohn Joo Tan / BIA / Minden Pictures(241)、Willi Rolfes / NiS / Minden Pictures(245)、Philippe Clement / NaturePL(247)

※カッコ内の数字は掲載頁

監修：川上和人（かわかみ かずと）
1973年大阪府生まれ。東京大学農学部林学科卒、同大学院農学生命科学研究科中退。農学博士。国立研究開発法人森林研究・整備機構森林総合研究所主任研究員。著書に『鳥類学者無謀にも恐竜を語る』『そもそも島に進化あり』（技術評論社）、『美しい鳥 ヘンテコな鳥』（笠倉出版社）、『鳥類学者だからって、鳥が好きだと思うなよ』（新潮社）など。図鑑の監修も多数。

解説：柴田佳秀（しばた よしひで）
1965年東京生まれ。東京農業大学農学部農学科卒。科学ジャーナリスト。元NHK自然番組ディレクター。『生きもの地球紀行』、『地球ふしぎ大自然』など自然番組を多数制作。著書に『カラスの常識』（子どもの未来社）、『動く図鑑MOVE 鳥』（講談社）、『世界のフクロウがよくわかる本』（文一総合出版）、『世界の美しい色の鳥』（エクスナレッジ）などがある。日本鳥学会会員、都市鳥研究会幹事。

企画・構成：澤井 聖一（さわい せいいち）
株式会社エクスナレッジ代表取締役社長、月刊『建築知識』編集兼発行人。生態学術誌Kυα νοσ οικοσ（キュアノ・オイコス、鹿児島大学海洋生態研究会刊）・生物雑誌の編集者、新聞記者などを経て、建築カルチャー誌『X-Knowledge HOME』、住宅雑誌『MyHOME＋』創刊編集長。書籍「世界の美しい透明な生き物」「奇界遺産」「世界の夢の本屋さん」「世界の美しい飛んでいる鳥」「世界で一番美しいイカとタコの図鑑」などを企画編集。著書に「絶景のペンギン」「絶景のシロクマ」「世界の美しい色の町、愛らしい家」がある。本書では、学名や英名の起こりになった人名、名祖（なおや）のeponym調査を担当した。

編集協力：髙野丈（株式会社アマナ／ネイチャー＆サイエンス）
協力：入山莉紗　茂木瑞稀　名倉麻梨香
装幀・デザイン：セキネシンイチ制作室

2017年9月1日　初版第1刷発行

発行者　澤井聖一

発行所　株式会社エクスナレッジ
http://www.xknowledge.co.jp/
〒106-0032　東京都港区六本木7-2-26

問合先　編集 TEL.03-3403-1381 FAX.03-3403-1345 info@xknowledge.co.jp
販売 TEL.03-3403-1321 FAX.03-3403-1829